高等职业教育机电工程类系列教材

电子技能实训

主　编　冯泽虎　韩振花　邓祥周

副主编　刘广耀　白坤海　刘　哲

　　　　　赵　静　张　朋　沈冬梅

主　审　宋　涛

西安电子科技大学出版社

内 容 简 介

本书是职业教育电气自动化技术专业国家教学资源库"电子技能实训"课程的配套教材,也是省级精品课程"电子技能实训"的配套教材,同时还是国家"双高校"建设的特色教材之一。

本书采用新型活页式教材的编写模式,在内容设计及编排上具备结构化、形式化、模块化、灵活性、重组性的特点,符合职业教育教学和自主学习的特征。

本书较为全面地介绍了电子实训的相关知识。全书共分为三篇,分别为模电实训篇、数电实训篇和综合实训篇。

本书可作为高职高专院校、成人高校、民办高校及本科院校开办的二级职业技术学院机电类、电子类等相关专业的教学用书,也可作为五年制高职、中职相关专业的教学用书,亦可作为相关专业从业人员的参考书及培训用书。

图书在版编目(CIP)数据

电子技能实训 / 冯泽虎,韩振花,邓祥周主编. -- 西安:西安电子科技大学出版社,2024.11
ISBN 978-7-5606-7237-3

Ⅰ. ①电… Ⅱ. ①冯… ②韩… ③邓… Ⅲ. ①电子技术—高等学校—教材 Ⅳ. ①TN

中国国家版本馆 CIP 数据核字(2024)第 103454 号

策　　划　刘小莉
责任编辑　刘小莉
出版发行　西安电子科技大学出版社(西安市太白南路 2 号)
电　　话　(029)88202421　88201467　　　　邮　　编　710071
网　　址　www.xduph.com　　　　　　　　电子邮箱　xdupfxb001@163.com
经　　销　新华书店
印刷单位　陕西天意印务有限责任公司
版　　次　2024 年 11 月第 1 版　　　　2024 年 11 月第 1 次印刷
开　　本　787 毫米×1092 毫米　　1/16　　印张 14.5
字　　数　342 千字
定　　价　55.00 元
ISBN 978-7-5606-7237-3 / TN
XDUP 7539001-1

前　言

电子技能实训选取电子产品设计的典型工作任务，培养学生从事电子产品焊接、电子产品设计等工作必须具备的基本技能，是高职电子信息类专业一门重要的专业基础课程。

本书以提高读者的电子技术技能为目标，详细介绍模拟电路常见的实验实训、数字电路常见的实验实训、综合项目的设计与调试等内容。

模电实训篇介绍了整流、滤波、稳压电路，单级交流放大器，两级阻容耦合放大电路，负反馈放大电路，射极输出器的测试，差动放大器，集成运算放大器的基本运算电路，比较器、方波-三角波发生器等 10 个学习情境。

数电实训篇介绍了逻辑门电路的逻辑功能及测试、组合逻辑电路的设计、数据选择器及其应用、译码器及其应用、字段译码器的逻辑功能测试及应用、触发器、计数器及其应用、移位寄存器的功能测试及应用、脉冲的产生与整形电路等 9 个学习情境。

综合实训篇介绍了直流稳压电源的制作与调试、简易八路抢答器的制作与调试、简易电子琴的制作与调试等 3 个学习情境。

本书具有以下特色：

(1) 本书开发团队在教材编写过程中，以党的二十大精神为引领，深入挖掘课程思政元素，分别开展了以高效节能、绿色低碳、大国工匠精神、助力科技创新、唯物辩证逻辑等为主题的思政教育。本书在内容安排上，以应用为目的，以培养学生的工作能力为导向，将课堂讲述内容、技能训练、应用案例、拓展提高等模块优化组合，有利于启发引导学生，激发其学习积极性，强调学中做、做中学、好教好学。

(2) 考虑到高职学生接受知识的特点，本书避免了枯燥的长篇理论，将常见的知识点、操作技能点用提问的方式进行讲解，以打造轻松的学习环境，提高学生的学习兴趣，增加趣味性，增强互动效果。

(3) 本书以电子技术技能为导向，采用学习情境的方式组织内容，并融入实际生活案例，主要内容涵盖了基础电路的设计验证、典型电路的设计调试、常见电子产品项目的设计制作等，每个教学情境均由任务单、资讯单、信息单、材料工具清单、计划实施单、评价单、实训报告等部分组成。

本书的参考学时为 90 学时，建议采用理论实践一体化的教学模式进行讲授。各项目的参考学时见表 1。

表 1 学 时 分 配 表

项　　目	具 体 内 容	学　　时
第一篇　模电实训篇	1.1～1.10 节	20
第二篇　数电实训篇	2.1～2.9 节	20
第三篇　综合实训篇	3.1～3.3 节	20
课时总计		60

淄博职业学院与枣庄科技职业学院承担了本书的主要编写工作，山东圣翰财贸职业学院、淄博技师学院参与了本书的编写工作，冯泽虎对本书的编写思路进行了总体策划，指导全书的编写，并对全书统稿。冯泽虎、韩振花、邓祥周担任本书主编，刘广耀、白坤海、刘哲、赵静、张朋、沈冬梅担任副主编。邓祥周、白坤海、张朋编写模电实训篇，冯泽虎、赵静、沈冬梅编写数电实训篇，韩振花、刘广耀、刘哲编写综合实训篇，李钊、王光亮、王建飞、董保香、边元森、王荣峥、秦文等参与了编写。新恒汇电子股份有限公司陈长军、淄博美林电子有限公司王文祥等相关技术人员参与了本书中实训项目的选取。宋涛主审了本书，在此表示感谢。

由于编者水平和经验有限，书中难免有不足之处，恳请读者批评指正。

编　者

2024 年 3 月

目　录

01

第一篇 模电实训篇

1.1 学习情境一
整流、滤波、稳压电路

学习情境描述

整流电路是直流电源设备的核心，是利用二极管的单向导电性将输入的交流电压转换为单一方向的脉动直流电压的电路。脉动的直流电压经过滤波电路之后会变成平滑的直流电压，从而更好地为直流用电设备供电。经过整流和滤波电路处理得到的直流电压仍然缺乏稳定性，会随着交流电源电压或负载的变动而波动，因此，必须用稳压电路使输出直流电压不受电网电压和负载变化的影响，才能获得稳定、平滑的直流电压。

小资料

直流电源主要由整流电路、滤波电路、稳压电路这三大模块组成，各个模块分工合作、密切配合，共同完成将交流电压变成直流电压的任务，就像一个蚂蚁族群，蚁后、工蚁、兵蚁各司其职，共同维持蚁群的正常运转。

电子电路就像人类社会或生物族群一样，没有哪个元器件能独立完成一项复杂的任务。要想获得发展，就必须相互配合，让不同的元器件发挥自己的特长，展现自己的特点。我们每个人就相当于电路中的一个元件：有的人扮演电阻的角色，不断地把电流的变化转换成电压的变化，或者默默地保护其他元器件；有的人扮演二极管的角色，准确判断，使方向正确的电流轻松通过，使方向错误的电流一点儿也过不去；还有一些人扮演电容的角色，使"躁动不安"的电压变得平滑而稳定，给电路带来难得的宁静。

任 务 单

学习领域	电子技能实训		
学习情境一	整流、滤波、稳压电路	学时	0.25 学时
布置任务			
学习目标	(1) 比较半波整流与桥式整流的特点。 (2) 了解稳压电路的组成和稳压作用。 (3) 熟悉集成三端可调稳压器的使用。		
任务描述	本学习情境需要连接一个整流电路、一个滤波电路和一个稳压电路，并在示波器上显示相应的波形。		
对学生的 要求	(1) 了解二极管半波整流和全波整流的工作原理，了解整流输出波形的特点。 (2) 能完成整流、滤波、稳压电路的制作与调试。 (3) 熟练完成整流、滤波、稳压电路所需元件的检测与识别。 (4) 学会万用表、电烙铁、剥线钳、示波器等工具的使用方法。 (5) 通过小组成员之间的合作，完成制作整流、滤波、稳压电路的练习任务，并能够对其进行调试。 (6) 会分析故障，掌握查找故障的方法。 (7) 工作细心，具备节约资源、团队合作的意识。 (8) 严格遵守课堂纪律和工作纪律，不迟到，不早退，不旷课。 (9) 本情境工作任务完成后，需提交实训报告。		

资 讯 单

学习领域	电子技能实训		
学习情境一	整流、滤波、稳压电路	学时	0.25 学时
资讯方式	在参考书、互联网、图书馆、专业杂志上查找问题；咨询任课教师		
资讯问题	(1) 整流、滤波、稳压电路各组件的作用是怎样的？		
	(2) 整流、滤波、稳压电路的波形特点是怎样的？		
	(3) 如何判断二极管的正负极？		
	(4) 如何操作示波器显示电路的输出波形？		
	(5) 说明滤波电容 C 的作用。		
资讯引导	问题(1)、(2)、(3)、(4)、(5)可以在胡宴如编写的《模拟电子技术》第一章和第七章中寻找答案。		

信 息 单

学习领域	电子技能实训		
学习情境一	整流、滤波、稳压电路	学时	0.25 学时
序号	信息内容		

在实验前应校准示波器。

1. 半波整流与桥式整流

(1) 分别按图 1-1 和图 1-2 接线。

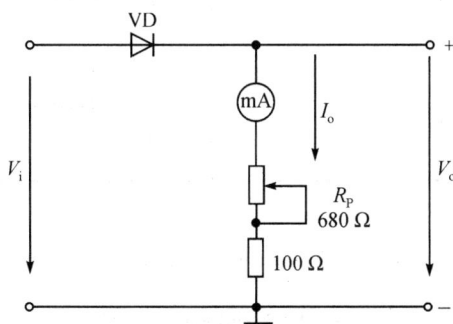

图 1-1 半波整流电路

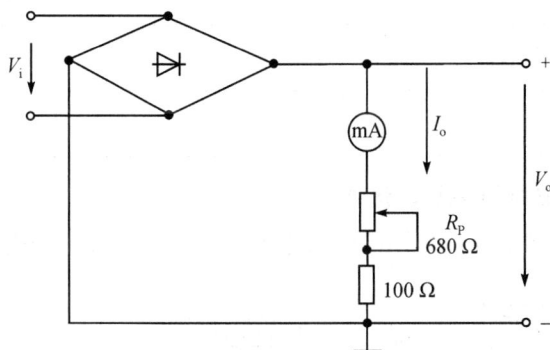

图 1-2 桥式整流电路

(2) 在输入端接入交流 14 V 电压，调节 R_P 使 $I_o = 50$ mA 时，用数字万用表测出 V_o，同时用示波器的 DC 挡观察输出波形并将其记入表 1-1 中。

表 1-1 输入/输出信号记录表

整流电路	V_i/V	V_o/V	I_o/A	V_o 波 形
半波整流				
桥式整流				

2. 加滤波电容

上述实验电路不动,在桥式整流电路后面加电容滤波,按图 1-3 接线,比较并测量接 C 与不接 C 两种情况下的输出电压 V_o 及输出电流 I_o,并用示波器 DC 挡观测输出波形,记入表 1-2 中。

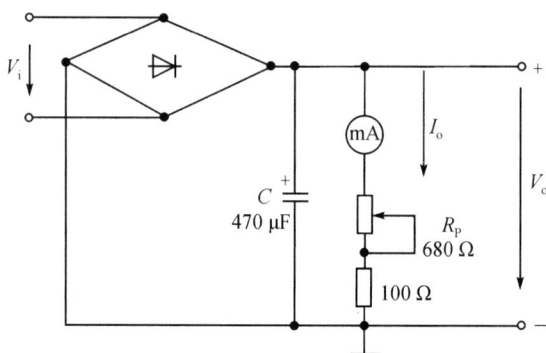

图 1-3　加滤波电容的桥式整流电路

表 1-2　输入/输出信号记录表

有无 C	V_i/V	V_o/V	I_o/A	波　　形
有 C				
无 C				

3. 加稳压二极管(并联稳压电路, 选作)

上述电路不动,在电容后面加电阻(510 Ω)和稳压二极管(VD$_Z$),按图 1-4 接线。

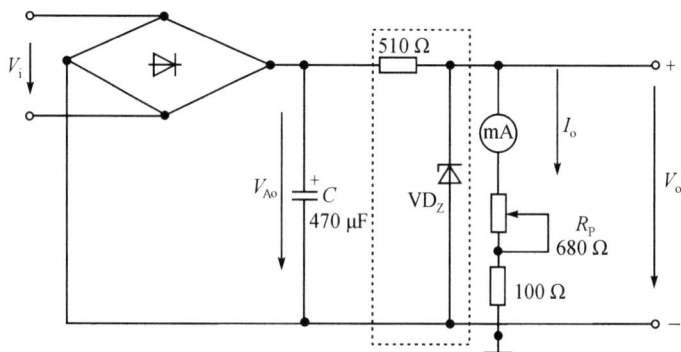

图 1-4　加稳压二极管的桥式整流电路

当接通交流 14 V 电源后,调整 R_P,使输出电流分别为 10 mA、15 mA、20 mA 时,测出 V_{Ao}、V_o,并用示波器的 DC 挡观测波形,记入表 1-3 中。

表 1-3　输入输出信号记录表

I_o/mA	V_i/ V	V_{Ao}/ V	V_o/ V	V_{Ao} 波 形	V_o 波 形
10					
15					
20					

4. 可调三端集成稳压电路(串联稳压电路)

(1) 按图 1-5 接线。

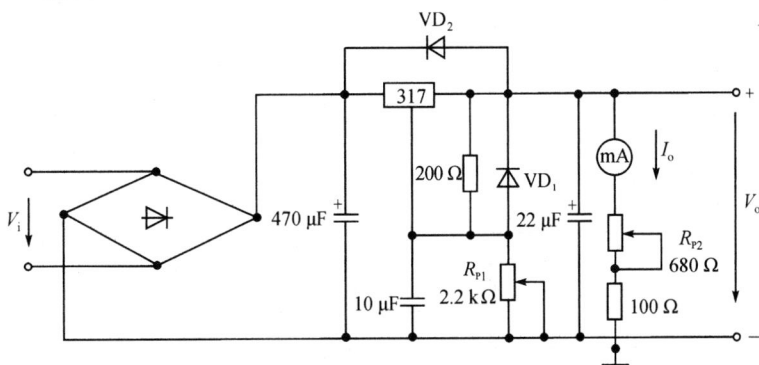

图 1-5　加可调三端集成稳压电路的桥式整流电路

(2) 输入端接通交流 14 V 电源，调整 R_{P1}，测出输出电压的调节范围，记入表 1-4 中。

表 1-4　输入/输出电压信号记录表

V_i 和 V_o	R_{P1max}	R_{P1min}
V_i/ V		
V_o/ V		

(3) 输入端接通交流 14 V 电源，调节 R_{P1}、R_{P2}，使输出 V_o = 10 V，I_o = 100 mA，记入表 1-5 中。改变负载，使 I_o 分别为 20 mA、50 mA，测出 V_o 的数值，记入表 1-5 中。

表 1-5　输入/输出信号记录表

I_o / mA	20	50	100
V_o/ V			

(4) 输入端接通交流 16 V 电源，调节 R_{P1}、R_{P2}，使输出 V_o = 10 V，I_o = 100 mA，记入表 1-6 中。然后仅改变输入端交流电压为 14 V 及 18 V(用数字万用表分别测量 14 V、16 V、18 V 的实际值，填在(　　)内)，测出电压 V_o 的值，记入表 1-6 中。

表 1-6　输入/输出信号记录表

V_i/ V	14(　　)	16(　　)	18(　　)
V_o/ V			

材料工具清单

学习领域		电子技能实训					
学习情境一		整流、滤波、稳压电路			学时		0.25 学时
项目	序号	名称	作用	数量	型号	使用前	使用后
所用设备							
所用仪器仪表							
所用工具							
所用材料							
所用元器件							
班级		第　　组	组长签字			教师签字	

计 划 实 施 单

学习领域	电子技能实训		
学习情境一	整流、滤波、稳压电路	学时	0.75 学时
实施方式	小组合作；动手实践		
序号	实 施 步 骤		使用资源
1			
2			
3			
4			
5			
6			
7			
8			
9			
10			
11			
12			

实施说明：

班级		第　　组	组长签字	
教师签字			日期	

评 价 单

学习领域		电子技能实训				
学习情境一		整流、滤波、稳压电路		学　时		0.25 学时
评价类别	项　目	子 项 目		个人评价	组内互评	教师评价
专业能力 (60%)	资讯(10%)	信息的搜集(5%)				
		引导问题的回答(5%)				
	计划(5%)	计划的可执行度(3%)				
		材料工具的安排(2%)				
	实施(20%)	安装、接线操作的规范性(7%)				
		功能的实现(7%)				
		"6S"质量管理(2%)				
		安全用电(2%)				
		创意和拓展性(2%)				
	检查(10%)	全面性、准确性(5%)				
		故障的排除(5%)				
	过程(5%)	使用工具的规范性(2%)				
		操作过程的规范性(2%)				
		工具和仪表使用管理(1%)				
	结果(10%)	结果质量(10%)				
社会能力 (20%)	团结协作 (10%)	小组成员合作良好(5%)				
		对小组的贡献(5%)				
	敬业精神 (10%)	学习的纪律性(5%)				
		爱岗敬业、吃苦耐劳精神(5%)				
方法能力 (20%)	计划能力 (10%)					
	决策能力 (10%)					
评价评语	班级		姓名		学号	总评
	教师签字		第　　组	组长签字		日期
	评语：					

实 训 报 告

姓名		学号		系别		班级	
主讲教师		指导教师		日期		专业	
课程名称				实训室名称			

一、实训项目

二、实训目的

三、主要仪器设备

四、实训步骤

小结

教师评语

教师签字：

年 月 日

1.2 学习情境二
单级交流放大器（一）

学习情境描述

共发射极基本放大电路有固定偏置放大电路、电压反馈偏置放大电路、分压偏置放大电路三种。固定偏置放大电路简单，但工作点不稳定；电压反馈偏置放大电路工作点稳定，但交直流负反馈是一体的，不好各自兼顾；分压偏置放大电路不仅工作点稳定，而且交流、直流不直接影响，是实用的分立元件放大电路之一。

小资料

三极管放大电路之所以不失真、能放大，是因为静态工作点(即三极管直流状态下的电流、电压信号)的存在。静态工作点设置过高或过低，都会引起电路的失真。

同样，在生活中，哪有什么岁月静好，不过是有人替我们负重前行。和平年代，替我们负重前行的，何止公安英烈、应急战士、抗疫先锋，还有戍守边疆的英雄官兵、在基层奔忙的公职人员，以及各行各业无数日夜奋战、勤恳为民的逆行者。有人负重前行，国家才安全，社会才安稳，国民才安心。

如果说在战火纷飞的年代，英勇捐躯的英烈筑牢了家国的根基，那河海清宴的和平岁月，这些默默前行的孤勇者就是护国周全的脊梁。

在凶险紧急的时刻，公安干警挺身而出，维护公平正义；在熊熊烈焰面前，消防战士不惧死亡，勇敢前冲；在疫情肆虐的当口，医务工作者白衣为甲，筑牢疫情防线……"人民至上、生命至上"在一次次行动中被生动践行，英雄无畏的精神百炼成钢，赤胆忠诚的品质历久弥坚。

任　务　单

学习领域	电子技能实训		
学习情境二	单级交流放大器(一)	学时	0.25 学时

布　置　任　务

学习目标	(1) 学习晶体管放大电路静态工作点的测试方法，进一步理解电路元件参数对静态工作点的影响，以及调整静态工作点的方法。 (2) 进一步熟悉常用电子仪器的使用方法。
任务描述	本学习情境要求连接并调试一个单级交流放大器，对其进行静态和动态调试，测出放大电路的静态工作点和电压放大倍数等性能参数。 (1) 静态调试。 (2) 动态测试。 (3) 稳定工作点的观察。 (4) 电压放大倍数的计算和测量。
对学生的要求	(1) 能完成单级交流放大器(一)的制作与调试。 (2) 熟练完成单级交流放大器(一)所需元件的检测与识别。 (3) 学会万用表、电烙铁、剥线钳、示波器等工具的使用方法。 (4) 通过小组成员之间的合作，完成制作单级交流放大器(一)的练习任务，并能够对其进行调试。 (5) 掌握分析、排除故障的方法。 (6) 工作细心，具备节约资源、团队合作的意识。 (7) 严格遵守课堂纪律和工作纪律，不迟到，不早退，不旷课。 (8) 本情境工作任务完成后，需提交实训报告。

资 讯 单

学习领域	电子技能实训		
学习情境二	单级交流放大器(一)	学时	0.25 学时
资讯方式	在资料角、图书馆、专业杂志、互联网上查找问题；咨询任课教师		
资讯问题	(1) 各组件的作用是怎样的？		
	(2) 放大倍数的计算是怎样的？		
	(3) 什么是放大电路的静态工作点？如何完成单级交流放大器的静态工作点的调试？		
	(4) 放大电路有哪些动态参数？如何进行动态调试？		
	(5) 如何完成单级交流放大器参数的测量？		
资讯引导	问题(1)、(2)、(3)、(4)、(5)可以在胡宴如编写的《模拟电子技术》第三章中寻找答案。		

信　息　单

学习领域	电子技能实训		
学习情境二	单级交流放大器(一)	学时	0.25 学时
序号	信息内容		

在实验前应校准示波器。

1. 测量并计算静态工作点

(1) 按图 1-6 接线。

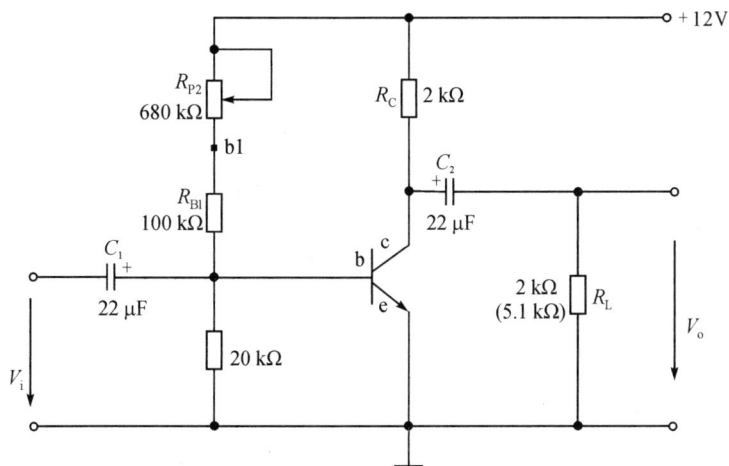

图 1-6　可调偏置共射极交流放大电路

(2) 将输入端对地短路，调节电位器 R_{P2}，使 $V_C = E_C/2$(取 6～7 V)，测静态工作点 V_C、V_E、V_B 及 V_{B1} 的数值，并将其记入表 1-7 中。

(3) 按下式计算 I_B、I_C，并将其记入表 1-7 中。

$$I_B = \frac{V_{B1} - V_B}{100\ \text{k}\Omega} - \frac{V_B}{20\ \text{k}\Omega}$$

$$I_C = \frac{E_C - V_C}{R_C}$$

表 1-7　静态工作点参数

调整 R_{B2}	测　　量			计　　算	
V_C / V	V_E / V	V_B / V	V_C / V	I_B / μA	I_C / mA

2. 改变 R_L，观察对放大倍数的影响

负载电阻分别取 $R_L = 2\ \text{k}\Omega$、$R_L = 5.1\ \text{k}\Omega$ 和 $R_L = \infty$，输入端接入 $f = 1\ \text{kHz}$ 的正弦信号，幅度以保证输出波形不失真为准。测量 V_i 和 V_o 的值并计算电压放大倍数 ($A_V = V_o / V_i$)，把数据填入表 1-8 中。

表 1-8　R_L 对电压放大倍数的影响

R_L	V_i / mV	V_o / V	A_V
$2\ \text{k}\Omega$			
$5.1\ \text{k}\Omega$			
∞			

3. 改变 R_C，观察对放大倍数的影响

取 $R_L = 2\ \text{k}\Omega$，改变 R_C，测量放大倍数，将数据填入表 1-9 中。

表 1-9　R_C 对电压放大倍数的影响

R_C	V_i / mV	V_o / V	A_V
$2\ \text{k}\Omega$			
$3\ \text{k}\Omega$			

4. 观察输入、输出电压的相位关系

用示波器观察输入电压和输出电压的波形，比较输入、输出电压的相位，将其画于表 1-10 中。

注：为了防止噪声对小信号的干扰，影响示波器的观测，信号发生器的输出使用三通，用专用连接线(两头带高频插头)将小信号接示波器的输入端。

表 1-10　输入输出电压波形

波　　　形
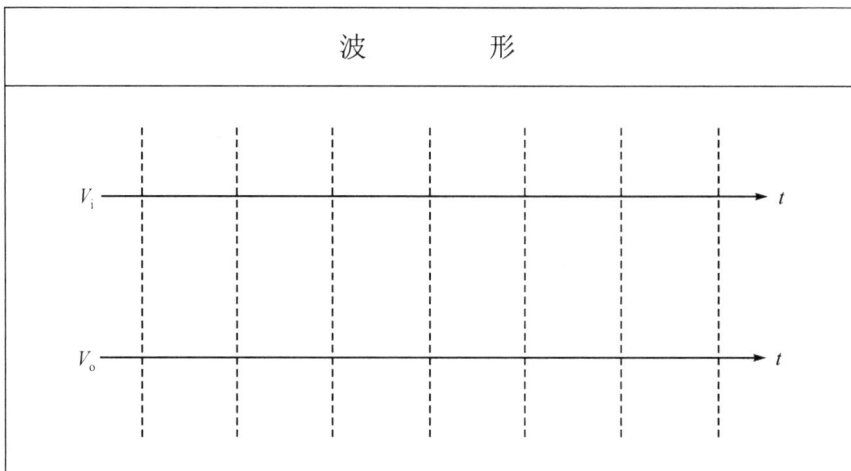

材料工具清单

学习领域		电子技能实训					
学习情境二		单级交流放大器(一)			学时	0.25 学时	
项目	序号	名称	作用	数量	型号	使用前	使用后
所用设备							
所用仪器仪表							
所用工具							
所用材料							
所用元器件							
班级		第　组	组长签字			教师签字	

计 划 实 施 单

学习领域	电子技能实训		
学习情境二	单级交流放大器(一)	学时	0.75 学时
实施方式	小组合作；动手实践		
序号	实施步骤		使用资源
1			
2			
3			
4			
5			
6			
7			
8			
9			
10			
11			
12			

实施说明：

班级		第　　组	组长签字	
教师签字			日期	

评 价 单

学习领域	电子技能实训				
学习情境二	单级交流放大器(一)		学时	0.25 学时	
评价类别	项　目	子 项 目	个人评价	组内互评	教师评价
专业能力 (60%)	资讯(10%)	信息的搜集(5%)			
		引导问题的回答(5%)			
	计划(5%)	计划的可执行度(2%)			
		材料工具的安排(2%)			
	实施(20%)	安装、接线操作的规范性(7%)			
		功能实现(7%)			
		"6S"质量管理(2%)			
		安全用电(2%)			
		创意和拓展性(2%)			
	检查(10%)	全面性、准确性(5%)			
		故障的排除(5%)			
	过程(5%)	使用工具的规范性(2%)			
		操作过程的规范性(2%)			
		工具和仪表使用管理(1%)			
	结果(10%)	结果质量(10%)			
社会能力 (20%)	团结协作 (10%)	小组成员合作良好(5%)			
		对小组的贡献(5%)			
	敬业精神 (10%)	学习的纪律性(5%)			
		爱岗敬业、吃苦耐劳精神(5%)			
方法能力 (20%)	计划能力 (10%)				
	决策能力 (10%)				
评价评语	班级		姓名	学号	总评
	教师签字	第　组	组长签字		日期
	评语：				

实 训 报 告

姓名		学号		系别		班级	
主讲教师		指导教师		日期		专业	
课程名称				实训室名称			

一、实训项目

二、实训目的

三、主要仪器设备

四、实训步骤

小结

教师评语

教师签字：

年　　月　　日

1.3 学习情境三

单级交流放大器（二）

学习情境描述

我们周围的各种信息在转换成电信号之后都是动态变化的。换句话说，信息都包含在动态信号之中。一个放大器的最终任务是要放大动态信号(或交流信号)。对于动态信号来说，一个放大电路的静态工作点、输入电阻、输出电阻都会对信号的放大效果产生重要影响。如果某个参数不合适，就必然会产生问题。本学习情境我们通过几个动态参数的测量来了解单级交流放大器对交流信号的放大作用。

小资料

在动态的交流信号经过放大电路时我们需要考虑三个问题：一是这个放大电路能否将动态信号最大程度地输入到电路中？二是经过这个放大电路之后会不会出现波形失真？三是放大之后的信号能否最大化地输出给负载？要了解放大电路在这三个方面的表现，我们必须关注它的输入电阻、输出电阻等动态参数，以及信号幅值与静态工作点位置的匹配效果。

学习放大电路的动态性能，我们必须学会从不同的角度看问题。比如，要知道输入电阻对信号的放大作用，我们必须站在信号的角度去看放大电路。对于信号来说，放大电路就是一个大负载。这个负载的电阻越大，信号就能越充分地加载在放大电路上。同样，要知道输出电阻对负载供电的影响，我们必须站在负载的角度去看放大电路。对于负载来说，放大电路就是一个电源，输出电阻就是电源的内阻，电源的内阻越小越好。要让一个放大电路正常工作，必须不断地调整电路，使其无论在哪个方面都没有短板，这样才能很好地完成任务。

任　务　单

学习领域	电子技能实训		
学习情境三	单级交流放大器(二)	学时	0.25 学时
学习目标	(1) 深入理解放大器的工作原理。 (2) 学习测量输入电阻、输出电阻及最大不失真输出电压幅值的方法。 (3) 观察电路参数对失真的影响。 (4) 学习毫伏表、示波器及信号发生器的使用方法。		
任务描述	本学习情境要求连接一个单级交流放大电路，并对其输出波形进行调试，能够调试输出饱和失真波形、截止失真波形，并能够消除失真。 (1) 饱和失真波形的调试与消除。 (2) 截止失真波形的调试与消除。		
对学生的要求	(1) 完成单级交流放大器的制作与调试。 (2) 熟练完成单级交流放大器所需元件的检测与识别。 (3) 学会万用表、电烙铁、剥线钳、示波器等工具的使用方法。 (4) 通过小组成员之间的合作，完成制作单级交流放大器的练习任务，并能够对其进行调试。 (5) 会分析故障，查找正确的故障方法。 (6) 工作细心，具备节约资源、团队合作的意识。 (7) 严格遵守课堂纪律和工作纪律，不迟到，不早退，不旷课。 (8) 本情境工作任务完成后，需提交实训报告。		

资　讯　单

学习领域	电子技能实训		
学习情境三	单级交流放大器(二)	学时	0.25 学时
资讯方式	在资料角、图书馆、专业杂志、互联网上查找问题；咨询任课教师		
资讯问题	(1) 各组件的作用是怎样的？		
	(2) 放大倍数是怎样计算的？		
	(3) 什么是饱和失真？		
	(4) 如何消除饱和失真？		
	(5) 什么是截止失真？		
	(6) 如何消除截止失真？		
资讯引导	问题(1)、(2)、(3)、(4)、(5)可以在胡宴如编写的《模拟电子技术》第三章中寻找答案。		

信 息 单

学习领域	电子技能实训		
学习情境三	单级交流放大器(二)	学时	0.25 学时
序号	信息内容		

在实验前应校准示波器，检查信号源。

1. 接线

按图 1-7 接线。

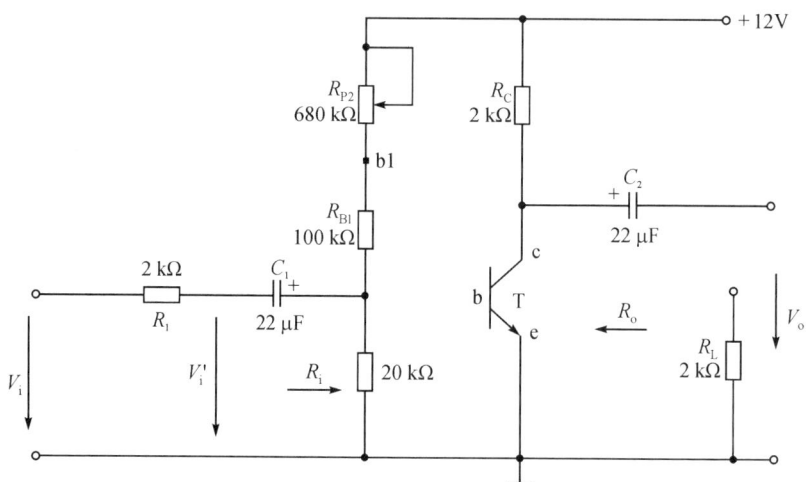

图 1-7　分压偏置共射极放大电路

2. 测量电压参数，计算输入电阻和输出电阻

(1) 调整 R_{P2}，使 $V_C = E_C/2$(取 6～7 V)，测试 V_B、V_E、V_{B1} 的值，并将其填入表 1-11 中。

表 1-11　电压参数记录表

调整 R_{P2}	测　　量		
V_C / V	V_E /V	V_B / V	V_{B1} / V

(2) 输入端接入 $f = 1$ kHz、$V_i = 20$ mV 的正弦信号。

(3) 分别测出电阻 R_1 两端对地信号电压 V_i 及 V_i'，按下式计算出输入电阻 R_i：

$$R_i = \frac{V_i'}{V_i - V_i'} R_1$$

(4) 测出负载电阻 R_L 开路时的输出电压 V_∞ 和接入 $R_L(2$ kΩ)时的输出电压 V_o，然后按下式计算出输出电阻 R_o：

$$R_o = \frac{(V_\infty - V_o) \times R_L}{V_o}$$

将测量数据及实验结果填入表 1-12 中。

表 1-12　输出电阻计算相关参数

V_i / mV	V_i' / mV	$R_i / k\Omega$	V_∞ / V	V_o / V	$R_o / k\Omega$

3. 观察静态工作点

观察静态工作点对放大器输出波形的影响,并将观察结果分别填入表 1-13、表 1-14 中。

(1) 输入信号不变,用示波器观察正常工作时输出电压 V_o 的波形并描画下来。

(2) 逐渐减小 R_{P2} 的阻值,观察输出电压的变化,在输出电压波形出现明显失真时,把失真的波形描画下来,并说明是哪种失真。如果 $R_{P2} = 0 \ \Omega$ 后仍不出现失真,则可以加大输入信号 V_i,或将 R_{B1} 由 100 kΩ 改为 10 kΩ,直到出现明显的失真波形。

(3) 逐渐增大 R_{P2} 的阻值,观察输出电压的变化,在输出电压波形出现明显失真时,把失真波形描画下来,并说明是哪种失真。如果 $R_{P2} = 1 \ M\Omega$ 后仍不出现失真,则可以加大输入信号 V_i,直到出现明显的失真波形。

表 1-13　放大器输出波形

阻值	波　　形	何种失真
正常		
R_{P2} 减小		
R_{P2} 增大		

(4) 调节 R_{P2},使输出电压波形不失真且幅值为最大(这时的电压放大倍数是最大的),测量此时 V_C、V_B、V_{B1} 和 V_o 的值。

表 1-14　电压放大倍数最大时的静态工作点

V_{B1} / V	V_C / V	V_B / V	V_o / V

材料工具清单

学习领域	电子技能实训					
学习情境三	单级交流放大器(二)			学时	0.25 学时	
项目	序号	名称	作用	数量	型号	使用前	使用后
所用设备							
所用仪器仪表							
所用工具							
所用材料							
所用元器件							
班级		第　　组	组长签字			教师签字	

计 划 实 施 单

学习领域	电子技能实训		
学习情境三	单级交流放大器(二)	学时	0.75 学时
实施方式	小组合作；动手实践		
序号	实 施 步 骤		使用资源
1			
2			
3			
4			
5			
6			
7			
8			
9			
10			
11			
12			

实施说明：

班级		第　　　组	组长签字	
教师签字			日期	

评 价 单

学习领域		电子技能实训			
学习情境三		单级交流放大器(二)	学时		0.25 学时
评价类别	项 目	子 项 目	个人评价	组内互评	教师评价
专业能力 (60%)	资讯(10%)	信息的搜集(5%)			
		引导问题的回答(5%)			
	计划(5%)	计划的可执行度(3%)			
		材料工具的安排(2%)			
	实施(20%)	安装、接线操作的规范性(7%)			
		功能的实现(7%)			
		"6S"质量管理(2%)			
		安全用电(2%)			
		创意和拓展性(2%)			
	检查(10%)	全面性、准确性(5%)			
		故障的排除(5%)			
	过程(5%)	使用工具的规范性(2%)			
		操作过程的规范性(2%)			
		工具和仪表使用管理(1%)			
	结果(10%)	结果质量(10%)			
社会能力 (20%)	团结协作 (10%)	小组成员合作良好(5%)			
		对小组的贡献(5%)			
	敬业精神 (10%)	学习的纪律性(5%)			
		爱岗敬业、吃苦耐劳精神(5%)			
方法能力 (20%)	计划能力 (10%)				
	决策能力 (10%)				
评价评语	班级		姓名	学号	总评
	教师签字		第　　组	组长签字	日期
	评语:				

实 训 报 告

姓名		学号		系别		班级	
主讲教师		指导教师		日期		专业	
课程名称				实训室名称			

一、实训项目

二、实训目的

三、主要仪器设备

四、实训步骤

小结

教师评语

教师签字：

年　　月　　日

1.4 学习情境四

两级阻容耦合放大电路

学习情境描述

只用一个晶体管可以连接成共射极、共基极、共集电极三种基本放大电路。如果将两个或多个基本放大电路用合适的方式级联起来，就形成了多级放大电路。多级放大电路不但能够显著地增大放大倍数，还能增大输入电阻、减小输出电阻等。多级放大电路的级联方式有直接耦合、阻容耦合、变压器耦合、光电耦合等，它们各有优缺点。

小资料

舍得是一种人生智慧，是一种处世哲学，也是一种启迪心灵的钥匙。舍得，最早源于《易经》，包含舍和得两个方面的意思，是中国古代辩证法思想的体现。事实上，没有一个级间耦合方式是完美的，我们必须综合考虑，合理取舍，选择多级放大电路的耦合方式是一个权衡利弊的过程。

直接耦合就是将两级放大电路用导线、电阻等直接相连。这种耦合方式的优点是可以进行直流电压或低频信号的放大，缺点是前后级的静态工作点会相互影响。

阻容耦合是用隔直电容将两级放大电路连接，与后级的输入电阻组成阻容耦合。这种耦合方式的优点是两级放大电路的静态工作点互不影响，容易调试，比较稳定；缺点是由于电容的隔直通交作用，电路不能放大直流信号，高频信号能够顺利地传递到后级放大电路，低频信号则会被大大衰减。

今天我们就来看一下两级阻容耦合放大电路，亲身体会下这种电路的优缺点。

任　务　单

学习领域	电子技能实训		
学习情境四	两级阻容耦合放大电路	学时	0.25 学时
学习目标	(1) 学习两级阻容耦合放大电路静态工作点的调整方法。 (2) 学习两级阻容耦合放大电路电压放大倍数的测量。 (3) 学习放大电路频率特性的测定方法。		
任务描述	本学习情境要求连接一个两级阻容耦合放大电路，并对其进行静态和动态调试，测出放大电路的静态工作点、电压放大倍数、频率特性等性能参数或指标。 (1) 静态调试。 (2) 动态测试。 (3) 稳定工作点的观察。 (4) 电压放大倍数的计算测量。 (5) 频率特性的测量分析。		
对学生的要求	(1) 能完成两级阻容耦合放大电路的制作与调试。 (2) 熟练完成两级阻容耦合放大电路所需元件的检测与识别。 (3) 学会万用表、电烙铁、剥线钳、示波器等工具的使用方法。 (4) 通过小组成员之间的合作，完成制作两级阻容耦合放大电路的练习任务，并能够对其进行调试。 (5) 掌握分析、排除故障的方法。 (6) 工作细心，具备节约资源、团队合作的意识。 (7) 严格遵守课堂纪律和工作纪律，不迟到，不早退，不旷课。 (8) 本情境工作任务完成后，需提交实训报告。		

资 讯 单

学习领域	电子技能实训		
学习情境四	两级阻容耦合放大电路	学时	0.25 学时
资讯方式	在资料角、图书馆、专业杂志、互联网上查找问题；咨询任课教师		
资讯问题	(1) 两级阻容耦合放大电路中各组件的作用是怎样的？		
	(2) 两级阻容耦合放大电路中放大倍数的计算是怎样的？		
	(3) 如何完成两级阻容耦合放大电路的静态工作点的调试？		
	(4) 如何完成两级阻容耦合放大电路的调试？		
	(5) 如何完成两级阻容耦合放大电路参数的测量？		
资讯引导	问题(1)、(2)、(3)、(4)、(5)可以在胡宴如《模拟电子技术》第三章中寻找答案。		

信 息 单

学习领域	电子技能实训		
学习情境四	两级阻容耦合放大电路	学时	0.25 学时
序号	信息内容		

两级阻容耦合放大电路的实验电路，如图 1-8 所示。

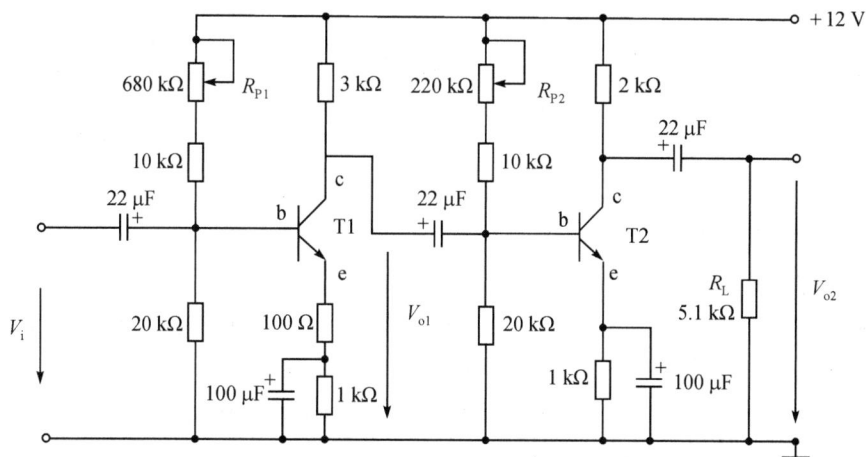

图 1-8 两级阻容耦合放大电路

1. 实验注意事项

实验中如发现寄生振荡，可采用以下措施消除：

(1) 重新布线，尽可能走短线。

(2) 在 T1 管 c、b 间接 30 pF 的电容。

(3) 分别使用测量仪器，避免互相干扰。

(4) 实验前校准示波器。

2. 调整静态工作点

(1) 调节电位器 R_{P1}，使 $V_{C1} = 6\sim7$ V；调节电位器 R_{P2}，使 V_{C2} 约为 $6\sim7$ V。

(2) 从信号源输出 V_i 频率为 1 kHz、幅度 5 mV 左右的正弦波(以保证二级放大器的输出波形不失真为准)。用示波器分别观察第一级和第二级放大器的输出波形，若波形有失真，亦可少许调节 R_{P1} 和 R_{P2}，直到使两级放大器输出的信号波形都不失真为止。

(3) 断开输入信号，用数字表测量晶体管 V_{T1} 与 V_{T2} 的各极电位，将数据记入表 1-15 中。

表 1-15 晶体管各极电位记录表

V_{T1}			V_{T2}		
V_{C1} / V	V_{B1} / V	V_{E1} / V	V_{C2} / V	V_{B2} / V	V_{E2} / V

续表

3. 测量电压放大倍数

输入信号不变，按表 1-16 中给定的条件，分别测量放大器的第一级和第二级的输出电压 V_{o1}、V_{o2} 的值，把数据记入表 1-16 中。

表 1-16　电压放大倍数计算相关参数

R_L	测试输入与输出电压			计算电压放大倍数		
	V_i / mV	V_{o1} / mV	V_{o2} / V	$A_{V1} = V_{o1} / V_i$	$A_{V2} = V_{o2} / V_{o1}$	$A_V = V_{o2} / V_i$
$R_L = \infty$						
$R_L = 5.1 \text{ k}\Omega$						

4. 测试放大器幅频特性

测量放大器的幅频特性一般采用逐点法。

(1) 保持输入信号的幅度在各频率时不变，在 $R_L = \infty$ 和 $R_L = 5.1 \text{ k}\Omega$ 两种情况下，改变频率测出相应的输出电压 V_o，将数据记入表 1-17 和表 1-18。

(2) 找出上下限截止频率 f_H、f_L(增益下降到中频增益的 0.707 倍时所对应的频率点)，在 f_H、f_L 两点左右应多测几点，并求出放大器的带宽：$\Delta f = f_H - f_L$。

表 1-17　$R_L = \infty$ 时的输出电压与放大倍数

f / kHz								
$R_L = \infty$	V_o / V		$0.707V_{o\max}$		$V_{o\max}$		$0.707V_{o\max}$	
	A_V							

表 1-18　$R_L = 5.1 \text{ k}\Omega$ 时的输出电压与放大倍数

f / kHz								
$R_L = 5.1 \text{ k}\Omega$	V_o / V		$0.707V_{o\max}$		$V_{o\max}$		$0.707V_{o\max}$	
	A_V							

材料工具清单

学习领域		电子技能实训					
学习情境四		两级阻容耦合放大电路			学时	0.25 学时	
项目	序号	名称	作用	数量	型号	使用前	使用后
所用设备							
所用仪器仪表							
所用工具							
所用材料							
所用元器件							
班级		第　　组	组长签字			教师签字	

计 划 实 施 单

学习领域	电子技能实训		
学习情境四	两级阻容耦合放大电路	学时	0.75 学时
实施方式	小组合作；动手实践		
序号	实 施 步 骤		使用资源
1			
2			
3			
4			
5			
6			
7			
8			
9			
10			
11			
12			
实施说明：			
班级		第　　组	组长签字	
教师签字			日期	

评　价　单

学习领域	电子技能实训				
学习情境四	两级阻容耦合放大电路		学时	0.25学时	
评价类别	项　目	子 项 目	个人评价	组内互评	教师评价
专业能力 (60%)	资讯(10%)	信息的搜集(5%)			
		引导问题的回答(5%)			
	计划(5%)	计划的可执行度(3%)			
		材料工具的安排(2%)			
	实施(20%)	安装、接线操作的规范性(7%)			
		功能的实现(7%)			
		"6S"质量管理(2%)			
		安全用电(2%)			
		创意和拓展性(2%)			
	检查(10%)	全面性、准确性(5%)			
		故障的排除(5%)			
	过程(5%)	使用工具的规范性(2%)			
		操作过程的规范性(2%)			
		工具和仪表使用管理(1%)			
	结果(10%)	结果质量(10%)			
社会能力 (20%)	团结协作 (10%)	小组成员合作良好(5%)			
		对小组的贡献(5%)			
	敬业精神 (10%)	学习的纪律性(5%)			
		爱岗敬业、吃苦耐劳精神(5%)			
方法能力 (20%)	计划能力 (10%)				
	决策能力 (10%)				
评价评语	班级	姓名	学号	总评	
	教师签字	第　　组	组长签字	日期	
	评语：				

实 训 报 告

姓名		学号		系别		班级	
主讲教师		指导教师		日期		专业	
课程名称				实训室名称			

一、实训项目

二、实训目的

三、主要仪器设备

四、实训步骤

小结

教师评语

教师签字：

年　　月　　日

1.5 学习情境五

负反馈放大电路

学习情境描述

反馈(feedback)，有喂养、供给的含义，也就是把输出反过来供给到输入，也有教材将其翻译为"回授"。实际上，反馈在现实中无处不在。我们每个人都是一个自带反馈的系统。比如，我们吃早饭，如果味道很棒，就会多吃；如果味道糟糕，就会少吃。比如，我们开车，速度太快就会轻踩刹车，速度太慢就会轻踩油门。比如，工厂生产商品，需要市场调研来完成反馈，如果销量供不应求，就提高产量；如果销量不好，就降低产能。总之，反馈能为人类的各种活动带来重要的稳定和平衡。电子电路里面的正反馈和负反馈，就像车上的油门和刹车一样影响电路的输入输出特性，为电子电路带来稳定性。

小资料

负反馈是电子领域尤其是运放应用领域最有用的概念之一。1928 年，美国西部电力公司(Western Electric Company)的电子工程师 Harold Black 在寻找适合于电话中继站的稳定增益放大器时，发明了负反馈放大器。从那之后，负反馈技术得到了极其广泛的应用。实际上，在现在几乎所有电子电路的设计中都带有各种形式的反馈。

电子电路的反馈有正反馈和负反馈两种形式。正反馈是指反馈回来的信号增强输入信号，负反馈是指反馈回来的信号减弱输入信号。在 1928 年，Harold Black 准备将负反馈申请专利时，很多人认为负反馈是一项没有意义的发明，其效果只能是降低放大器的增益。虽然，负反馈确实降低了增益，但它作为一种交换，改善了放大器的其他性能。例如，它降低了电路增益对元件参数、温度等变化的敏感度，减小了非线性失真等。

孟子曰："鱼，我所欲也，熊掌，亦我所欲也，二者不可得兼，舍鱼而取熊掌者也"。电子电路的设计没有十全十美的，往往鱼和熊掌不能兼得，你必须舍掉鱼才有可能得到熊掌，这就是舍得的智慧。

任　务　单

学习领域	电子技能实训		
学习情境五	负反馈放大电路	学时	0.25 学时
学习目标	(1) 熟悉负反馈放大电路性能指标的测试方法。 (2) 通过实验加深理解负反馈对放大电路性能的影响。 (3) 进一步熟悉常用电子仪器的使用方法。		
任务描述	本学习情境要求连接并调试一个负反馈放大电路，调整其静态工作点，并观察负反馈对放大倍数、稳定性、波形失真等方面的影响。 (1) 调整静态工作点。 (2) 观察负反馈对放大倍数的影响。 (3) 观察负反馈对放大倍数稳定性的影响。 (4) 观察负反馈对波形失真的影响。 (5) 幅频特性的测量。		
对学生的要求	(1) 熟悉单管放大电路，能完成负反馈放大电路的制作与调试。 (2) 掌握不失真放大电路的调整方法。 (3) 熟悉两级阻容耦合放大电路的静态工作点的调整方法。 (4) 了解负反馈对放大电路性能的影响。 (5) 熟练完成负反馈放大电路所需元件的检测与识别。 (6) 学会万用表、电烙铁、剥线钳等工具的使用方法。 (7) 通过小组成员之间的合作，完成制作负反馈放大电路的练习任务。 (8) 会清晰分析故障，查找正确的故障方法。 (9) 具备节约资源、工作细心、团队合作的意识。 (10) 严格遵守课堂纪律和工作纪律，不迟到，不早退，不旷课。 (11) 本情境工作任务完成后，需提交实训报告。		

资　讯　单

学习领域	电子技能实训		
学习情境五	负反馈放大电路	学时	0.25 学时
资讯方式	在资料角、图书馆、专业杂志、互联网上查找问题；咨询任课教师		
资讯问题	(1) 什么是负反馈？		
	(2) 为什么要引入负反馈？		
	(3) 负反馈有哪些类型？		
	(4) 负反馈对放大电路有什么影响？		
资讯引导	问题(1)、(2)、(3)、(4)可以在胡宴如编写的《模拟电子技术》第四章中寻找答案。		

信　息　单

学习领域	电子技能实训		
学习情境五	负反馈放大电路	学时	0.25 学时
序号	信息内容		

实验电路如图 1-9 所示。

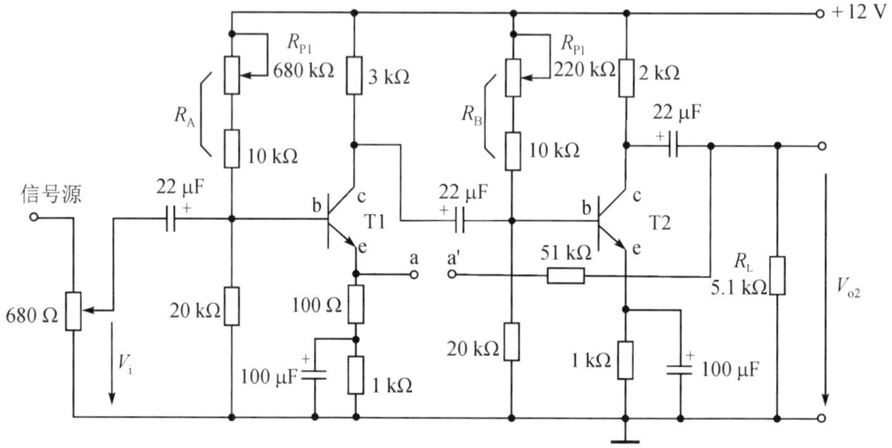

图 1-9　两级阻容耦合放大电路

1. 实验注意事项

实验中如发现寄生振荡，可采用以下措施消除：

(1) 重新布线，尽可能走短线。

(2) 在 T1 管 c、b 间接 30 pF 的电容。

(3) 分别使用测量仪器，避免互相干扰。

2. 实验内容及步骤

(1) 调整静态工作点。

连接 a、a′点，使放大器处于反馈工作状态。经检查无误后接通电源。调整 R_{P1}、R_{P2}(记录当前的有效值)，使 $V_{C1} = 6\sim7$ V、$V_{C2} = 6\sim7$ V，测量各级静态工作点，填入表 1-19 中，断开电路测量并记录偏置电阻。

表 1-19　静态工作点参数记录表

待测参数	V_{C1} / V	V_{B1} / V	V_{E1} / V	V_{C2} / V	V_{B2} / V	V_{E2} / V	$R_A / k\Omega$	$R_B / k\Omega$
计算值								
测量值								
相对误差								

(2) 观察负反馈对放大倍数的影响。

① 从信号源输出 V_i 频率为 1 kHz、幅度为 5 mV 左右的正弦波(以保证二级放大器的输出波形不失真为准)。

② 输出端不接负载，分别测量电路在无反馈工作(a、a′断开)与有反馈工作时(a 与 a′连接)空载下的输出电压 V_o，同时用示波器观察输出波形，注意波形是否失真。若失真，减少 V_i 并计算电路在无反馈与有反馈工作时的电压放大倍数 A_V 的值，记入表 1-20 中。

表 1-20　有/无反馈时的电压放大倍数

工作方式		V_i / mV	V_o / V	A_V / 测量	A_V / 理论
无反馈	$R_L = \infty$				
	$R_L = 5.1$ kΩ				
有反馈	$R_L = \infty$				
	$R_L = 5.1$ kΩ				

(3) 观察负反馈对放大倍数稳定性的影响。

$R_L = 5.1$ kΩ，改变电源电压将 E_C 从 12 V 变到 10 V。分别测量电路在无反馈工作与有反馈工作状态时的输出电压，注意波形是否失真，并计算电压放大倍数、稳定度，记入表 1-21 中。

表 1-21　有/无反馈时的电压放大倍数

工作方式	$E_C = 12$ V			$E_C = 10$ V		
	V_i / mV	V_o / V	A_V	V_i / mV	V_o / V	A_V
无反馈						
有反馈						

(4) 观察负反馈对波形失真的影响。

① 电路无反馈，$E_C = 12$ V，$R_L = 5.1$ kΩ，逐渐加大信号源的幅度，示波器观察输出波形出现临界失真，用毫伏表测量 V_i、V_o 和 $V_{oP\text{-}P}$ 的值，记入表 1-22 中。

② 电路接入反馈(a 与 a′连接)，其他参数不变，用毫伏表测量 V_i、V_o 和 $V_{oP\text{-}P}$ 的值，记入表 1-22 中。

③ 逐渐加大信号源的幅度，用示波器观察输出波形出现临界失真，用毫伏表测量 V_i、V_o 和 $V_{oP\text{-}P}$ 的值，记入表 1-22 中。

表 1-22　有/无反馈时出现临界失真的电压参数

工作方式	V_i / mV	V_o / V	$V_{oP\text{-}P}$ / V
无反馈	临　界	临　界	
有反馈	V_i 同无反馈		
	临　界	临　界	

(5) *幅频特性测量(对带宽的影响)。

在上述实验基础上,不接负载、$E_C = 12$ V,分别在有反馈、无反馈的情况下调信号源使 f 改变(保持 V_i 不变)测量 V_o 的值,且在 $0.707V_o$ 处多测几点,找出上、下限频率,并将数据记入表 1-23 和表 1-24 中。

表 1-23　无反馈时的幅频特性

方式	f / kHz								
无反馈 $V_i = (\ \ )$mV	V_o / mV		$0.707V_{omax}$		V_{omax}		$0.707V_{omax}$		
	A_V								

$\Delta f = (\quad\quad)$kHz

表 1-24　有反馈时的幅频特性

方式	f / kHz								
有反馈 $V_i = (\ \ )$mV	V_o / mV		$0.707V_{omax}$		V_{omax}		$0.707V_{omax}$		
	A_V								

$\Delta f = (\quad\quad)$kHz

材料工具清单

学习领域		电子技能实训					
学习情境五		负反馈放大电路			学时	0.25 学时	
项目	序号	名称	作用	数量	型号	使用前	使用后
所用设备							
所用仪器仪表							
所用工具							
所用材料							
所用元器件							
班级		第　　　组	组长签字			教师签字	

计 划 实 施 单

学习领域	电子技能实训		
学习情境五	负反馈放大电路	学时	0.75 学时
实施方式	小组合作；动手实践		
序号	实 施 步 骤		使用资源
1			
2			
3			
4			
5			
6			
7			
8			
9			
10			
11			
12			

实施说明：

班级		第　组	组长签字	
教师签字			日期	

评　价　单

学习领域		电子技能实训			
学习情境五		负反馈放大电路	学时	0.25 学时	
评价类别	项　目	子　项　目	个人评价	组内互评	教师评价
专业能力 (60%)	资讯(10%)	信息的搜集(5%)			
		引导问题的回答(5%)			
	计划(5%)	计划的可执行度(3%)			
		材料工具的安排(2%)			
	实施(20%)	安装、接线操作的规范性(7%)			
		功能的实现(7%)			
		"6S"质量管理(2%)			
		安全用电(2%)			
		创意和拓展性(2%)			
	检查(10%)	全面性、准确性(5%)			
		故障的排除(5%)			
	过程(5%)	使用工具的规范性(2%)			
		操作过程的规范性(2%)			
		工具和仪表使用管理(1%)			
	结果(10%)	结果质量(10%)			
社会能力 (20%)	团结协作 (10%)	小组成员合作良好(5%)			
		对小组的贡献(5%)			
	敬业精神 (10%)	学习的纪律性(5%)			
		爱岗敬业、吃苦耐劳精神(5%)			
方法能力 (20%)	计划能力 (10%)				
	决策能力 (10%)				
评价评语	班级		姓名	学号	总评
	教师签字		第　　组	组长签字	日期
	评语：				

实 训 报 告

姓名		学号		系别		班级	
主讲教师		指导教师		日期		专业	
课程名称			实训室名称				

一、实训项目

二、实训目的

三、主要仪器设备

四、实训步骤

小结

教师评语

教师签字：

年　　月　　日

1.6 学习情境六

射极输出器的测试

学习情境描述

射极输出器是共集电极放大电路的别名，因其输出端位于发射极而得名，其电压增益近似等于 1，发射极输出电压会跟随输入电压变化，所以，它也叫射极跟随器。射极输出器的特点是有很高的输入电阻，因此，当一个电路驱动另一个电路的时候，射极跟随器可以被用作缓冲器来减小负载效应。

小资料

射极输出器的电压放大倍数约等于 1，因此，输入多大的信号，输出还是多大，不具备电压放大能力，猛一看好像没什么用，但它并不是一无是处，射极输出器具有输入电阻大、输出电阻小的特点，这是共射极放大电路和共基极放大电路所不具备的优点。因此，射极输出器适合用于连接高电阻的信号源或低电阻的负载(即作为多级放大器的最后一级或输出器)，它的作用不是提供额外的电压增益，而是使级联放大器具有较低的输出电阻。

如果说多级放大电路像一个科技公司，那么射极输出器就像公司的销售人员。它们虽然不像工程师或科学家一样掌握惊人的技术，但它擅长与用户交流，能让科技产品更好地为客户服务，为人类带来便利，而这一环节是绝对不可少的。就像我们在学习的过程中，一方面在提高自己的能力水平，另一方面也是在了解自己的特点，从而为自己在这个社会中找到最合适的位置。不管在哪个位置，我们都是这个社会运行必不可缺的一环。

任 务 单

学习领域	电子技能实训		
学习情境六	射极输出器的测试	学时	0.25 学时
学习目标	(1) 熟悉射极输出器电路的特点。 (2) 进一步熟悉放大器输入、输出电阻和电压增益的测试方法。 (3) 进一步熟悉常用电子仪器的使用方法。		
任务描述	本学习情境要求连接一个射极输出器电路，测试其静态工作点和电压放大的倍数、输入输出电阻等动态参数。 (1) 测试静态工作点。 (2) 电压放大倍数的计算测量。 (3) 测量放大器的输入、输出电阻。		
对学生的要求	(1) 能完成射极输出器测试电路的制作与调试。 (2) 熟练完成射极输出器的测试所需元件的检测与识别。 (3) 学会万用表、电烙铁、剥线钳、示波器等工具的使用方法。 (4) 通过小组成员之间的合作，完成制作射极输出器的测试练习任务，并能够对其进行调试。 (5) 掌握分析、排除电路故障的方法。 (6) 具备节约资源、工作细心、团队合作的意识。 (7) 严格遵守课堂纪律和工作纪律，不迟到，不早退，不旷课。 (8) 本情境工作任务完成后，需提交实训报告。		

资　讯　单

学习领域	电子技能实训		
学习情境六	射极输出器的测试	学时	0.25 学时
资讯方式	在资料角、图书馆、专业杂志、互联网上查找问题；咨询任课教师		
资讯问题	(1) 射极输出器电路中各元件的作用是怎样的？		
	(2) 射极输出器的电压放大倍数、输入电阻、输出电阻是如何计算的？		
	(3) 如何完成射极输出器的静态工作点的调试？		
	(4) 射极输出器的主要特点有哪些？		
资讯引导	问题(1)、(2)、(3)、(4)可以在胡宴如编写的《模拟电子技术》第三章中寻找答案。		

信 息 单

学习领域	电子技能实训		
学习情境六	射极输出器的测试	学时	0.25 学时
序号	信息内容		
1	射极输出器的测试		

射极输出器电路如图 1-10 所示。

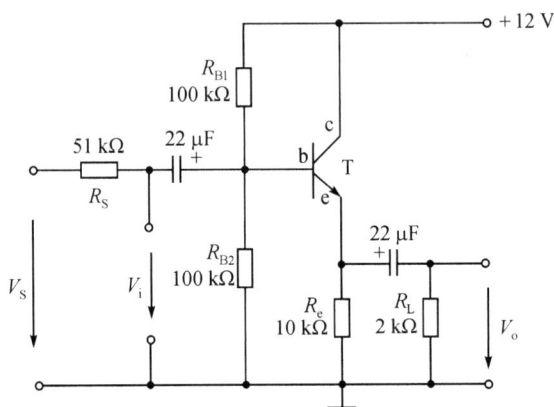

图 1-10　射极输出器电路

注：实验中如发现寄生振荡，可在 T1 管 cb 间接 30 pF 的电容。

实验内容及步骤：

(1) 测试静态工作点，将结果填写入表 1-25 中。

表 1-25　静态工作点参数

待测参数	V_B / V	V_E / V	V_C / V
理论值			
实测值			

(2) 测量电压放大倍数，实验电路中的 R_S 代替信号源内阻，输入信号的频率为 1 kHz，输入信号的幅度选择应使电路输出在整个测量过程中不产生波形失真，在不接负载电阻 $R_L = \infty$ 和接负载电阻 $R_L = 2$ kΩ 情况下将测量结果填写入表 1-26 中。

表 1-26　有/无负载电阻时输出电压

待测参数	$R_L = \infty$	$R_L = 2$ kΩ				
	V_∞ / V	V_i / V	V_o / V	V_S / V	$A_V = V_o / V_i$	$A_{VS} = V_o / V_S$
理论值						
实测值						

(3) 测量放大器的输入、输出电阻，(测量方法参考实验三)，负载电阻 $R_L = 2\ \text{k}\Omega$，并将测量结果填入表 1-27 中。

表 1-27　测　量　结　果

	R_i / Ω	R_o / Ω
理论值		
实测值		

材料工具清单

学习领域	电子技能实训					
学习情境六	射极输出器的测试			学时	0.25 学时	
项目	序号	名称	作用	数量	型号	使用前	使用后
所用设备							
所用仪器仪表							
所用工具							
所用材料							
所用元器件							
班级		第　　组	组长签字			教师签字	

计 划 实 施 单

学习领域	电子技能实训		
学习情境六	射极输出器的测试	学时	0.75 学时
实施方式	小组合作；动手实践		
序号	实 施 步 骤		使用资源
1			
2			
3			
4			
5			
6			
7			
8			
9			
10			
11			
12			

实施说明：

班级		第　　组	组长签字	
教师签字			日期	

评 价 单

学习领域		电子技能实训			
学习情境六		射极输出器的测试	学时	0.25 学时	
评价类别	项　目	子　项　目	个人评价	组内互评	教师评价
专业能力 (60%)	资讯(10%)	信息的搜集(5%)			
		引导问题的回答(5%)			
	计划(5%)	计划的可执行度(3%)			
		材料工具的安排(2%)			
	实施(20%)	安装、接线操作的规范性(7%)			
		功能的实现(7%)			
		"6S"质量管理(2%)			
		安全用电(2%)			
		创意和拓展性(2%)			
	检查(10%)	全面性、准确性(5%)			
		故障的排除(5%)			
	过程(5%)	使用工具的规范性(2%)			
		操作过程的规范性(2%)			
		工具和仪表使用管理(1%)			
	结果(10%)	结果质量(10%)			
社会能力 (20%)	团结协作 (10%)	小组成员合作良好(5%)			
		对小组的贡献(5%)			
	敬业精神 (10%)	学习的纪律性(5%)			
		爱岗敬业、吃苦耐劳精神(5%)			
方法能力 (20%)	计划能力 (10%)				
	决策能力 (10%)				
评价评语	班级		姓名	学号	总评
	教师签字		第　　组	组长签字	日期
	评语:				

实 训 报 告

姓名		学号		系别		班级	
主讲教师		指导教师		日期		专业	
课程名称				实训室名称			

一、实训项目

二、实训目的

三、主要仪器设备

四、实训步骤

小结

教师评语

教师签字：

年　　月　　日

1.7 学习情境七

差动放大器

学习情境描述

　　我们之前学习的放大电路都是单端信号，即电压信号只通过一根信号线和一根地线来传输，这种单端信号在远距离传输时很容易受到外界电场的干扰，从而导致信号的传输失败。为此，科学家发明了差分信号。同样是用两根线，但两根线都是信号线，它们之间的相位刚好相反，信号正好承载在两根线的电压差值上，当这样的信号传输线受到外部干扰时，两根信号线会同时受到干扰，它们的差值是保持不变的，从而大大提高信号传输抗干扰的能力。今天，我们就来学习一下放大差分信号的差动放大器。

小资料

　　差分信号和差动放大器的发明体现了辩证法中的相对和绝对。绝对只能存在于相对之中，而不能存在于相对之外。相对之中都包含有绝对，在一定条件下，相对与绝对可以互相转化。比如，单端信号线中的电压信号是孤立的、绝对的，而差分信号线中的电压信号是相对的。单端信号线的电压其实是其与地线之间的电压差，也是相对的，差分信号线的每根信号线的电压也都是对地的电压差，它们的差别只是参考电压的不同。单端信号是用不变的地线电压作为参考电压，而差分信号是用同步变化的信号线电压作为参考电压，正是这种同步变化的参考电压带来了抗干扰的能力。

　　差动放大器十分适合于集成电路的制造。这主要是由于两方面的原因：首先，差动放大器的性能主要取决于电路两边器件的匹配程度，对于那些参数随环境明显变化的器件，集成工艺能够很好地实现这样的匹配。其次，差动放大器比单端电路要用更多的元器件，集成电路技术的一个优势就是能够以相对低的成本制造大量的晶体管。实际上，每个运算放大器的输入级都是差动放大器的结构。

任　务　单

学习领域	电子技能实训		
学习情境七	差动放大器	学时	0.25 学时
学习目标	(1) 学习差动放大器的零点调整及静态测试。 (2) 进一步理解差模放大倍数的意义及测试方法。 (3) 了解差动放大器对共模信号的抑制能力，测试共模抑制比。 (4) 进一步熟悉常用电子仪器的使用方法。		
任务描述	本学习情境要求连接差动放大器电路，对其进行静态和动态调试，并对差模电压的放大倍数等性能参数进行测量分析。 (1) 静态调试。 (2) 计算差模电压增益。 (3) 计算共模电压放大倍数和共模抑制比。		
对学生的 要求	(1) 能完成差动放大器的制作与调试。 (2) 熟练完成差动放大器所需元件的检测与识别。 (3) 学会万用表、电烙铁、剥线钳、示波器等工具的使用方法。 (4) 通过小组成员之间的合作，完成制作差动放大器的练习任务，并能够对其进行调试。 (5) 掌握分析、排除电路故障的方法。 (6) 工作细心，具备节约资源、团队合作的意识。 (7) 严格遵守课堂纪律和工作纪律，不迟到，不早退，不旷课。 (8) 本情境工作任务完成后，需提交实训报告。		

资　讯　单

学习领域	电子技能实训		
学习情境七	差动放大器	学时	0.25 学时
资讯方式	在资料角、图书馆、专业杂志、互联网上查找问题；咨询任课教师		
资讯问题	(1) 差动放大器中各组件的作用是怎样的？		
	(2) 什么是差模信号？什么是共模信号？		
	(3) 差模电压的放大倍数是如何计算的？		
	(4) 共模电压的放大倍数是如何计算的？		
资讯引导	问题(1)、(2)、(3)、(4)可以在胡宴如编写的《模拟电子技术》第三章中寻找答案。		

信　息　单

学习领域	电子技能实训		
学习情境七	差动放大器	学时	0.25 学时
序号	信息内容		

在实验前应按图 1-11 接线，1 点接 2 点。

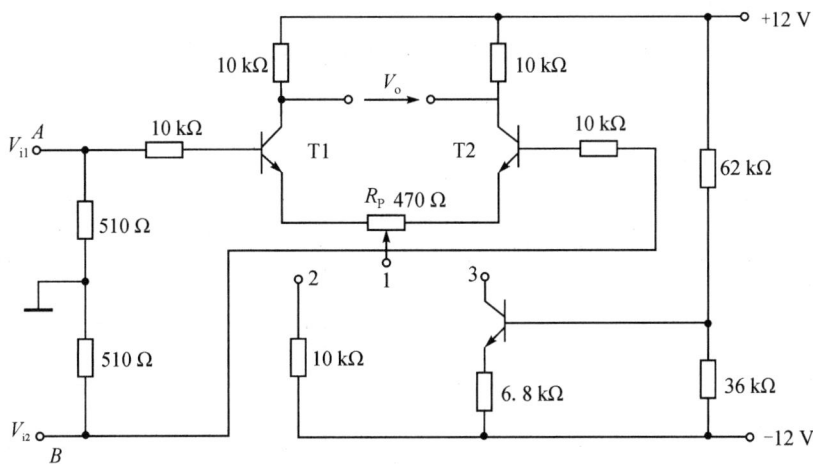

图 1-11　差动放大器电路

1. 静态测试

用万用表调零，令 $V_{i1} = V_{i2} = 0$，A、B 点与地短接，调节 R_P 使 $V_o = 0$。

2. 电路的静态工作点

测量两管的静态工作点，并计算有关的参数，填入表 1-28 中。

表 1-28　静态工作点参数

测　　量　　值						计　　算　　值					
V_{T1}			V_{T2}			V_{T1}			V_{T2}		
V_{C1}	V_{B1}	V_{E1}	V_{C2}	V_{B2}	V_{E2}	I_{B1}	I_{C1}	β_1	I_{B2}	I_{C2}	β_2

表中电压单位为 V，电流单位为 mA。

3. 差模电压放大倍数

由 A 端差模输入 $f = 1\,\text{kHz}$，幅度约为 30 mV 的正弦信号(注意：在信号源与 A 端之间接 22 μF 电容)，B 端接地。用示波器分别观察 V_{C1}、V_{C2} 在输出不失真的情况下，用毫伏表测量输入信号 V_i 及输出 V_{C1}、V_{C2} 的值，计算差动放大器的差模电压增益 A_{VD}。

4. 共模电压的放大倍数

将 B 与地断开后与 A 短接，仍然输入 $f = 1\ \text{kHz}$，幅度约为 $300\ \text{mV}$ 的正弦信号，构成共模输入，然后用毫伏表测量 V_{C1}、V_{C2} 的值，计算差动放大器的 A_{VC}，并计算共模抑制比 K_{CMR}。

5. 带恒流源的差动放大器

将电路改接成带恒流源的差动放大器电路，1 点接 3 点，重复上述实验内容，并将实验数据填入表 1-29 中。

表 1-29　带恒流源的差动放大器参数测量

参　数	典型差动放大电路($R = 10\ \text{k}\Omega$)		恒流源差动放大器	
	差　模	共　模	差　模	共　模
V_i / mV	B 接地，$A = ($　$)$	AB 短接 $= ($　$)$	B 接地，$A = ($　$)$	AB 短接 $= ($　$)$
V_{C1} / mV				
V_{C2} / mV				
$A_D = V_{C1} / V_i$		/		/
$A_{VD} = V_o / V_i$		/		/
$A_C = V_{C1} / V_i$	/		/	
$A_{VC} = V_o / V_i$	/		/	
$K_{CMR} = A_{VD}/A_{VC}$				

材料工具清单

学习领域		电子技能实训					
学习情境七		差动放大器			学时		0.25 学时
项目	序号	名称	作用	数量	型号	使用前	使用后
所用设备							
所用仪器仪表							
所用工具							
所用材料							
所用元器件							
班级		第　　组	组长签字			教师签字	

计 划 实 施 单

学习领域	电子技能实训		
学习情境七	差动放大器	学时	0.75 学时
实施方式	小组合作；动手实践		
序号	实 施 步 骤		使用资源
1			
2			
3			
4			
5			
6			
7			
8			
9			
10			
11			
12			

实施说明：

班级		第　　组	组长签字	
教师签字			日期	

评　价　单

学习领域			电子技能实训			
学习情境七			差动放大器	学时		0.25 学时
评价类别	项　目	子　项　目		个人评价	组内互评	教师评价
专业能力 (60%)	资讯(10%)	信息的搜集(5%)				
		引导问题的回答(5%)				
	计划(5%)	计划的可执行度(3%)				
		材料工具的安排(2%)				
	实施(20%)	安装、接线操作的规范性(7%)				
		功能的实现(7%)				
		"6S" 质量管理(2%)				
		安全用电(2%)				
		创意和拓展性(2%)				
	检查(10%)	全面性、准确性(5%)				
		故障的排除(5%)				
	过程(5%)	使用工具的规范性(2%)				
		操作过程的规范性(2%)				
		工具和仪表使用管理(1%)				
	结果(10%)	结果质量(10%)				
社会能力 (20%)	团结协作 (10%)	小组成员合作良好(5%)				
		对小组的贡献(5%)				
	敬业精神 (10%)	学习的纪律性(5%)				
		爱岗敬业、吃苦耐劳精神(5%)				
方法能力 (20%)	计划能力 (10%)					
	决策能力 (10%)					
评价评语	班级		姓名		学号	总评
	教师签字		第　　组	组长签字		日期
	评语:					

实 训 报 告

姓名		学号		系别		班级	
主讲教师		指导教师		日期		专业	
课程名称				实训室名称			

一、实训项目

二、实训目的

三、主要仪器设备

四、实训步骤

小结

教师评语

教师签字：

年　　　月　　　日

1.8 学习情境八

集成运算器的基本的基本运算电路（一）

学习情境描述

集成运算放大器也叫运算放大器，简称运放，是一种非常重要的电路构件。由于它的多功能性，我们几乎可以用运放做任何事情。此外，集成运算放大器的特性非常接近理想情况，其实际工作性能非常接近于理论计算水平，因此，利用集成运算放大器可以使电路设计变得非常简单。本学习情境将介绍运放在比例运算中的应用。

小资料

运算放大器最早被设计出来的目的是将电压类比成数字，用来进行加、减、乘、除运算，同时成为实现模拟计算机(analog computer)的基本建构方块。然而，理想运算放大器在电路系统设计上的用途却远远超出了加、减、乘、除运算。当前，运算放大器的效能已经逐渐接近理想运算放大器的要求。

早期的运算放大器是用分立元件制造的，成本很高，售价为几十美元。20 世纪 60 年代晚期，仙童半导体(Fairchild Semiconductor)推出了第一个被广泛使用的集成电路运算放大器，型号为 μA709，设计者是鲍伯·韦勒(Bob Widlar)。但是 μA709 很快被新产品 μA741 取代，μA741 有着更好的性能，更为稳定，也更容易使用。μA741 运算放大器成了微电子工业发展历史上一个独一无二的象征，历经了数十年的演进仍然没有被取代，很多集成电路的制造商至今仍然在生产 μA741。直到今天，μA741 仍然是各大学电子工程系讲解运放原理的典型素材。随着电子工程师大量使用运算放大器，运放逐渐商业化，其价格也大大降低，现在运放的价格已经低至几毛钱一个。

任 务 单

学习领域	电子技能实训		
学习情境八	集成运算放大器的基本运算电路(一)	学时	0.25 学时
学习目标	(1) 了解运算放大器的基本使用方法。 (2) 应用集成运放构造基本运算电路,并测定它们的运算关系。 (3) 学会使用线性组件 μA741。 (4) 进一步熟悉常用电子仪器的使用方法。		
任务描述	本学习情境要求使用 μA741 集成运算放大器连接一个比例运算电路,测量并验证运算电路的输出结果。 (1) 电路的调零。 (2) 反相比例运算放大器的调试。 (3) 同相比例运算放大器的调试。		
对学生的要求	(1) 能完成运算放大器基本比例运算电路的制作与调试。 (2) 熟练完成运算放大器运算电路所需元件的检测与识别。 (3) 学会万用表、电烙铁、剥线钳、示波器等工具的使用方法。 (4) 通过小组成员之间的合作,完成制作运算放大器基本运算电路的练习任务,并能够对其进行调试。 (5) 掌握故障分析与排除方法。 (6) 工作细心,具备节约资源、团队合作的意识。 (7) 严格遵守课堂纪律和工作纪律,不迟到,不早退,不旷课。 (8) 本情境工作任务完成后,需提交实训报告。		

资　讯　单

学习领域	电子技能实训		
学习情境八	集成运算放大器的基本运算电路(一)	学时	0.25 学时
资讯方式	在资料角、图书馆、专业杂志、互联网上查找问题；咨询任课教师		
资讯问题	(1) 运算放大器在运算电路中的作用是怎样的？		
	(2) 运算放大器的输入与输出之间的数量关系是怎样的？		
	(3) 反相比例运算放大器的调试是怎样的？		
	(4) 同相比例运算放大器的调试是怎样的？		
资讯引导	问题(1)、(2)、(3)、(4)可以在胡宴如编写的《模拟电子技术》第五章中寻找答案。		

信　息　单

学习领域	电子技能实训		
学习情境八	集成运算放大器的基本运算电路(一)	学时	0.25 学时
序号	信息内容		

1. 调零

按图 1-12 接线，接通电源后，调节调零电位器 R_P，使输出 $V_o = 0$ V(小于 ±10 mV)。运放调零后，在后面的实验中均不用调零了。

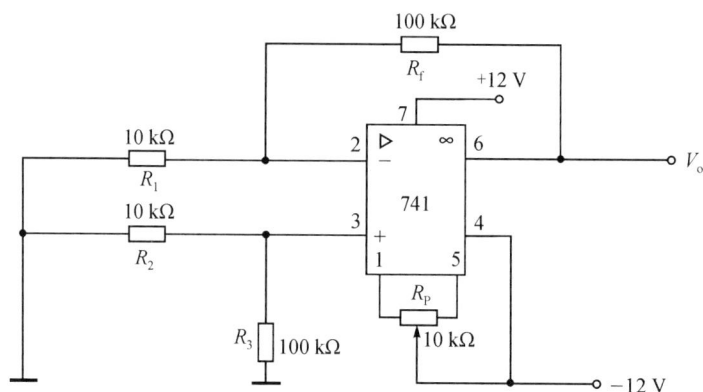

图 1-12　运算放大器的调零电路

2. 反相比例运算

电路如图 1-13 所示，根据电路参数计算 $A_V = V_o / V_i$ 的值，按表 1-30 给定的直流电压 V_i 的值计算和测量对应的 V_o 的值，并把结果记入表 1-30 中。

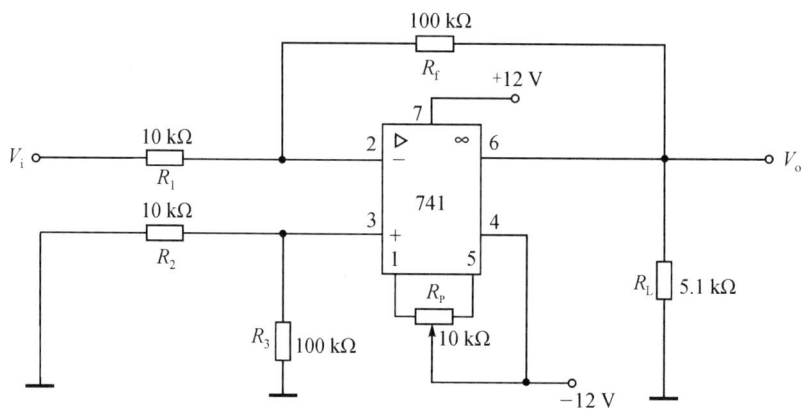

图 1-13　反相比例运算电路

表 1-30　输出电压记录表

输入直流电压 V_i / V	0.3	0.5	0.7	1.0	1.1	1.2
理论计算值 V_o / V						
实际测量值 V_o / V						
实际放大倍数 A_V						

3. 同相比例运算

电路图如图 1-14 所示。

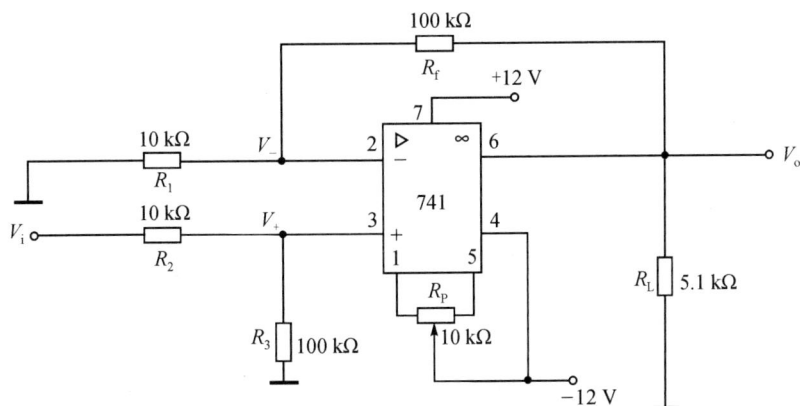

图 1-14　同相比例运算电路

根据电路参数，按给定 V_i 的值计算和测量出 V_o 的值，并把计算结果和实测数据填入表 1-31 中。

表 1-31　输出电压记录表

输入直流电压 V_i / V	0.3	0.5	0.7	1.0	1.1	1.2
理论计算值 V_o / V						
实际测量值 V_o / V						
实际放大倍数 A_V						

材料工具清单

学习领域		电子技能实训					
学习情境八		集成运算放大器的基本运算电路(一)			学时	0.25 学时	
项目	序号	名称	作用	数量	型号	使用前	使用后
所用设备							
所用仪器仪表							
所用工具							
所用材料							
所用元器件							
班级		第 组	组长签字			教师签字	

计 划 实 施 单

学习领域	电子技能实训		
学习情境八	集成运算放大器的基本运算电路(一)	学时	0.75 学时
实施方式	小组合作；动手实践		
序号	实 施 步 骤		使用资源
1			
2			
3			
4			
5			
6			
7			
8			
9			
10			
11			
12			

实施说明：

班级		第　　组	组长签字	
教师签字			日期	

评 价 单

学习领域		电子技能实训			
学习情境八	集成运算放大器的基本运算电路(一)		学时		0.25 学时
评价类别	项 目	子 项 目	个人评价	组内互评	教师评价
专业能力 (60%)	资讯(10%)	信息的搜集(5%)			
		引导问题的回答(5%)			
	计划(5%)	计划的可执行度(3%)			
		材料工具的安排(2%)			
	实施(20%)	安装、接线操作的规范性(7%)			
		功能的实现(7%)			
		"6S"质量管理(2%)			
		安全用电(2%)			
		创意和拓展性(2%)			
	检查(10%)	全面性、准确性(5%)			
		故障的排除(5%)			
	过程(5%)	使用工具的规范性(2%)			
		操作过程的规范性(2%)			
		工具和仪表使用管理(1%)			
	结果(10%)	结果质量(10%)			
社会能力 (20%)	团结协作 (10%)	小组成员合作良好(5%)			
		对小组的贡献(5%)			
	敬业精神 (10%)	学习的纪律性(5%)			
		爱岗敬业、吃苦耐劳精神(5%)			
方法能力 (20%)	计划能力 (10%)				
	决策能力 (10%)				
评价评语	班级		姓名	学号	总评
	教师签字		第　组	组长签字	日期
	评语:				

实 训 报 告

姓名		学号		系别		班级	
主讲教师		指导教师		日期		专业	
课程名称				实训室名称			

一、实训项目

二、实训目的

三、主要仪器设备

四、实训步骤

小结

教师评语

教师签字：

年　　月　　日

1.9 学习情境九

集成运算器的基本的基本运算电路（二）

学习情境描述

　　世界首个可以进行加减运算的放大器在 1940 年前后就已经被发明出来，它是用真空管设计的。随着新材料和新技术的发展，这种运算放大器一代代升级，最终发展成为集成电路式的元件，并且无论是在成本上还是性能上都获得了巨大的提高，到今天，运算放大器已经逐渐接近理想运算放大器的要求。运算放大器的发展历史蕴含了工匠精神在科技产品发展过程中的巨大作用。本学习情境将介绍运放在加减运算中的应用。

小资料

　　1941 年，贝尔实验室的 Karl D. Swartzel Jr.发明了真空管组成的第一个运算放大器，并取得美国专利，命名为 "Summing Amplifier"。在第二次世界大战期间，该设计被大量用于军用火炮导向装置中。1947 年，首个具有非反向输入端的运算放大器由哥伦比亚大学的 John R. Ragazzini 教授在论文中提出。1949 年，出现了首个使用截波稳定式(Chopper-stabilized)电路的运算放大器。1963 年，首个以集成电路单一芯片形式制成的运算放大器由 Bob Widlar 设计出来，型号为 μA702，然后在 1965 年经改进后推出 μA709。1967 年，美国国家半导体公司推出 LM101，改善了许多重要问题，使集成电路运算放大器开始流行。1968 年，仙童半导体公司推出 μA741，与 LM101 相比，μA741 内部增加了 30 pF 的频率补偿电容。该产品迄今仍然在生产使用，它是有史以来最成功的运算放大器，也是极少数长寿的 IC 型号之一。

　　从运算放大器的发展历史能够看出，优秀的电子产品离不开一代代电子工程师对器件性能的卓越追求，更离不开工程师们深入骨髓的工匠精神。本次实验我们使用的 μA741 能够热销半个世纪，正是追求卓越的电子工程师不懈努力的成果。

任　务　单

学习领域	电子技能实训		
学习情境九	集成运算放大器的基本运算电路(二)	学时	0.25 学时
学习目标	(1) 掌握加法运算电路、减法运算电路的基本工作原理及测试方法。 (2) 进一步熟悉常用电子仪器的使用方法。		
任务描述	本学习情境要求使用 μA741 集成运算放大器连接一个加法运算电路和一个减法运算电路，并进行输出量的测量分析。 (1) 运算放大器的调零。 (2) 加法运算电路的调试。 (3) 减法运算电路的调试。		
对学生的 要求	(1) 能完成集成运算放大器的基本加法(减法)运算电路的制作与调试。 　　(2) 熟练完成集成运算放大器的基本加法(减法)运算电路所需元件的检测与识别。 　　(3) 学会万用表、电烙铁、剥线钳、示波器等工具的使用方法。 　　(4) 通过小组成员之间的合作，完成制作集成运算放大器基本加法(减法)运算电路的练习任务，并能够对其进行调试。 　　(5) 掌握故障分析与排除的方法。 　　(6) 工作细心，具备节约资源、团队合作的意识。 　　(7) 严格遵守课堂纪律和工作纪律，不迟到，不早退，不旷课。 　　(8) 本情境工作任务完成后，需提交实训报告。		

资 讯 单

学习领域	电子技能实训		
学习情境九	集成运算放大器的基本运算电路(二)	学时	0.25 学时
资讯方式	在资料角、图书馆、专业杂志、互联网上查找问题；咨询任课教师		
资讯问题	(1) 集成运算放大器基本加法(减法)运算电路中各组件的作用是怎样的？ (2) μA741 在加法(减法)运算电路中的作用是怎样的？ (3) 集成运算放大器基本加法(减法)运算电路中输出量的特点是什么？		
资讯引导	问题(1)、(2)、(3)可以在胡宴如编写的《模拟电子技术》第五章中寻找答案。		

信　息　单

学习领域	电子技能实训		
学习情境九	集成运算放大器的基本运算电路(二)	学时	0.25 学时
序号	信息内容		

在实验前应将运算放大器调零(方法见学习情境八)。

1. 加法运算

(1) 按图 1-15 接线。

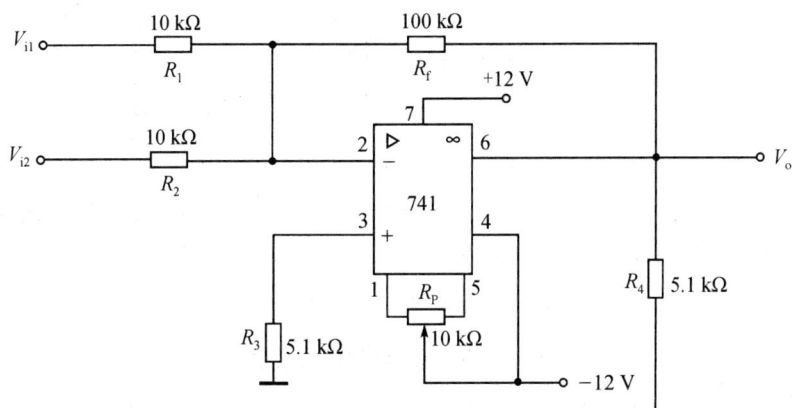

图 1-15　加法运算电路

(2) 检查无误后，接通电源(±12 V)。测试几组不同的 V_{i1} 和 V_{i2} 的值及对应的输出 V_o 的值，验证：

$$V_o = -\left(\frac{R_f}{R_1} V_{i1} + \frac{R_f}{R_2} V_{i2} \right)，\quad R_3 = R_1 // R_2 // R_f$$

(3) 将计算结果及测试的值填入表 1-32 中。

表 1-32　输出电压记录表

输入直流电压 V_{i1} / V	0	0.2	0.5	0.7	-0.6	-0.5
输入直流电压 V_{i2} / V	0.3	0.3	0.3	0.4	0.4	0.5
计算值 V_o / V						
实际测量 V_o / V						

2. 减法运算

(1) 按图 1-16 接线。

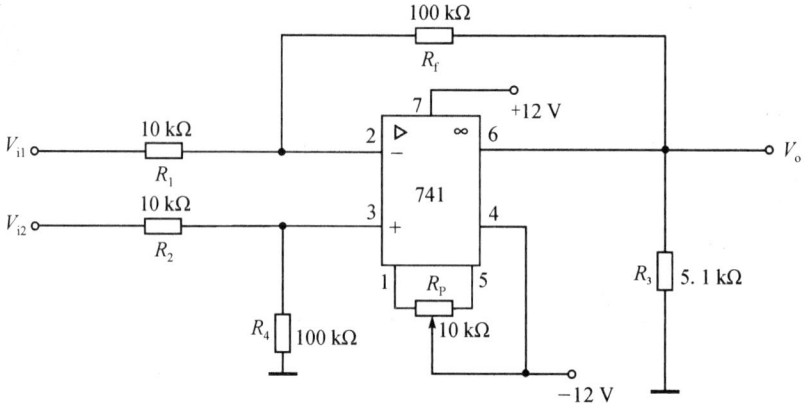

图 1-16　减法运算电路

(2) 按图 1-16 在实验箱上连接好电路，检查无误后方可接通电源，然后在输入端输入几组不同的 V_{i1} 和 V_{i2} 的值，测出对应的输出 V_o 的值，填入表 1-33 中。验证：

$$V = (V_{i2} - V_{i1})R_f / R_1，\quad R_1 = R_2，\quad R_4 = R_f$$

表 1-33　输出电压记录表

输入直流电压 V_{i1} / V	1.0	0.7	0.8	0.6	0.3	-0.2
输入直流电压 V_{i2} / V	1.2	1.0	0.6	-0.5	-0.5	0.4
计算值 V_o / V						
实际测量 V_o / V						

材料工具清单

学习领域		. 电子技能实训					
学习情境九		集成运算放大器的基本运算电路(二)			学时		0.25 学时
项目	序号	名称	作用	数量	型号	使用前	使用后
所用设备							
所用仪器仪表							
所用工具							
所用材料							
所用元器件							
班级		第 组	组长签字			教师签字	

计 划 实 施 单

学习领域	电子技能实训		
学习情境九	集成运算放大器的基本运算电路(二)	学时	0.75 学时
实施方式	小组合作；动手实践		
序号	实 施 步 骤		使用资源
1			
2			
3			
4			
5			
6			
7			
8			
9			
10			
11			
12			

实施说明：

班级		第 组	组长签字	
教师签字			日期	

评　价　单

学习领域	电子技能实训				
学习情境九	集成运算放大器的基本运算电路(二)		学时		0.25 学时
评价类别	项　目	子　项　目	个人评价	组内互评	教师评价
专业能力 (60%)	资讯(10%)	信息的搜集(5%)			
		引导问题的回答(5%)			
	计划(5%)	计划的可执行度(3%)			
		材料工具的安排(2%)			
	实施(20%)	安装、接线操作的规范性(7%)			
		功能的实现(7%)			
		"6S"质量管理(2%)			
		安全用电(2%)			
		创意和拓展性(2%)			
	检查(10%)	全面性、准确性(5%)			
		故障的排除(5%)			
	过程(5%)	使用工具的规范性(2%)			
		操作过程的规范性(2%)			
		工具和仪表使用管理(1%)			
	结果(10%)	结果质量(10%)			
社会能力 (20%)	团结协作 (10%)	小组成员合作良好(5%)			
		对小组的贡献(5%)			
	敬业精神 (10%)	学习的纪律性(5%)			
		爱岗敬业、吃苦耐劳精神(5%)			
方法能力 (20%)	计划能力 (10%)				
	决策能力 (10%)				

评价评语	班级		姓名		学号		总评	
	教师签字		第　　组	组长签字			日期	
	评语:							

实 训 报 告

姓名		学号		系别		班级	
主讲教师		指导教师		日期		专业	
课程名称				实训室名称			

一、实训项目

二、实训目的

三、主要仪器设备

四、实训步骤

小结

教师评语

教师签字：
年　　月　　日

1.10 学习情境十

比较器、方波-三角波发生器

学习情境描述

方波可以快速从一个值转为另一个值(即 0→1 或 1→0),所以方波常用作时钟信号来准确地触发同步电路,也可用作数字电路的信号源或模拟电子开关的控制信号。三角波也叫锯齿波,其特点是电压渐渐增大,然后突然降到零,正好适用于扫描电路(如示波器、显像管等)中。本章将介绍在比较器的基础上产生方波,并进一步产生三角波。

小资料

正弦波、方波、三角波是电子实验研究中常用的标准波形,对电子电路的分析至关重要。这些标准波形就像精确的直尺、精准的时钟,是科学研究的基石。标准波形的重要性让我们意识到标准化对经济、技术、科学和管理等社会实践的重大意义。

标准是人类文明进步的成果。从中国古代的"统一度量衡""车同轨,书同文"到现代工业的规模化生产,都是在实践和利用标准化。随着经济的全球化,标准化在便利经贸往来、促进科技进步、规范社会治理中的作用日益凸显。可以说,标准已成为各行各业的世界通用语言。全球化的世界需要标准协同发展,标准化也在促进世界互联互通。

任 务 单

学习领域	电子技能实训		
学习情境十	比较器、方波-三角波发生器	学时	0.25 学时
学习目标	(1) 学习、验证用集成运放组成的比较器和方波-三角波发生器。 (2) 学习如何设计、调试上述电路。 (3) 进一步熟悉常用电子仪器的使用方法。		
任务描述	本学习情境要求用集成运放组成一个比较器和一个方波-三角波发生器，学会设计与调试相应的电路。 (1) 比较器电路的连接与调试。 (2) 方波-三角波发生器电路的连接与调试。		
对学生的 要求	(1) 能完成比较器、方波-三角波发生器的制作与调试。 (2) 熟练完成比较器、方波-三角波发生器所需元件的检测与识别。 (3) 学会万用表、电烙铁、剥线钳、示波器等工具的使用方法。 (4) 通过小组成员之间的合作，完成制作比较器、方波-三角波发生器的练习任务，并能够对其进行调试。 (5) 掌握故障分析与排除的方法。 (6) 工作细心，具备节约资源、团队合作的意识。 (7) 严格遵守课堂纪律和工作纪律，不迟到，不早退，不旷课。 (8) 本情境工作任务完成后，需提交实训报告。		

资 讯 单

学习领域	电子技能实训		
学习情境十	比较器、方波-三角波发生器	学时	0.25 学时
资讯方式	在资料角、图书馆、专业杂志、互联网上查找问题；咨询任课教师		
资讯问题	(1) 比较器、方波-三角波发生器中各组件的作用是怎样的？		
	(2) 比较器的工作原理是怎样的？		
	(3) 比较器输出信号与输入信号之间的关系是怎样的？		
	(4) 方波-三角波发生器中各组件的作用是怎样的？		
	(5) 方波-三角波发生器的工作原理是怎样的？		
	(6) 方波-三角波发生器的输出信号有何特点？		
资讯引导	问题(1)、(2)、(3)、(4)、(5)、(6)可以在胡宴如编写的《模拟电子技术》第六章中寻找答案。		

信 息 单

学习领域	电子技能实训		
学习情境十	比较器、方波-三角波发生器	学时	0.25 学时
序号	信息内容		

在实验前应将两块运算放大器调零(方法见实验九)，并校准示波器。

1. 比较器电路

(1) 按图 1-17 接线。

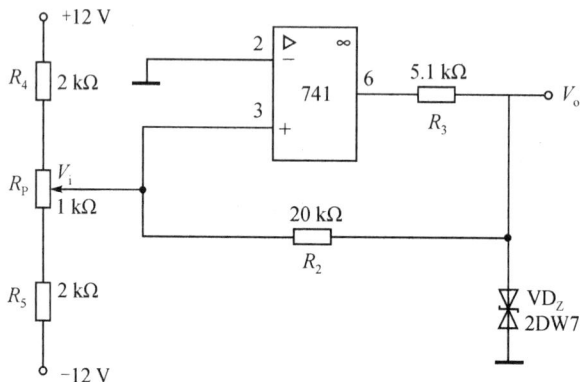

图 1-17 比较器电路

(2) 转折电压的测试。

接通电源后，若比较器输出电压 V_o 为负值，则调节 R_P 使 V_o 由负变正(正突变点)，测出 V_i 和 V_o 的值；若比较器输出电压 V_o 为正值，则将电位计向相反方向旋转，直至 V_o 由正变负(负突变点)，测出 V_i、V_o 的值。将 V_i、V_o 的值填入表 1-34 中，并根据表 1-34 中的数据在表 1-35 中绘制波形。

表 1-34 输入/输出电压记录表

输入/输出电压	V_i 最小	V_o 负突变点	V_o 正突变点	V_i 最大
V_o / V		→	→	
V_i / V				

表 1-35 电压比较波形

比较器波形(V_o—V_i)

2. 方波-三角波发生器

(1) 按图 1-18 所示电路及参数接成方波-三角波发生器。

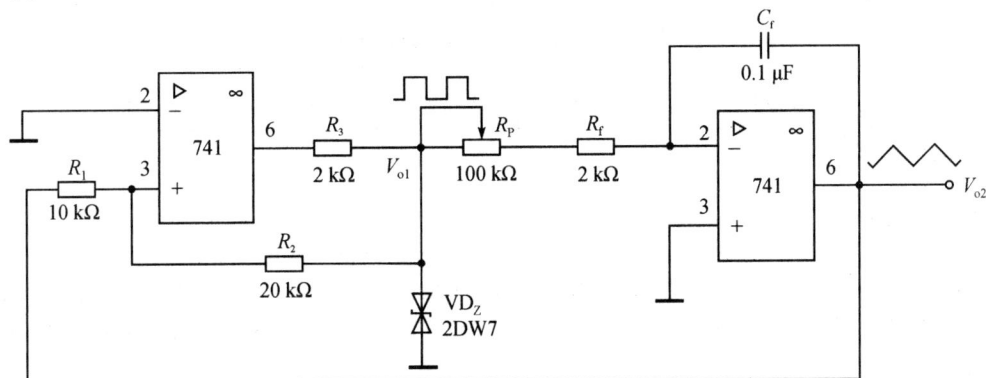

图 1-18 方波-三角波发生器电路

(2) 将电位器 R_P 调至中心位置，用双综示波器观察并描绘方波 V_{o1} 及三角波 V_{o2}(注意标注图形的尺寸)，并测量 R_P 及频率值，将结果填入表 1-36 中。

表 1-36 方波波形与三角形波形

方波 V_{o1} 及三角波 V_{o2} 波形
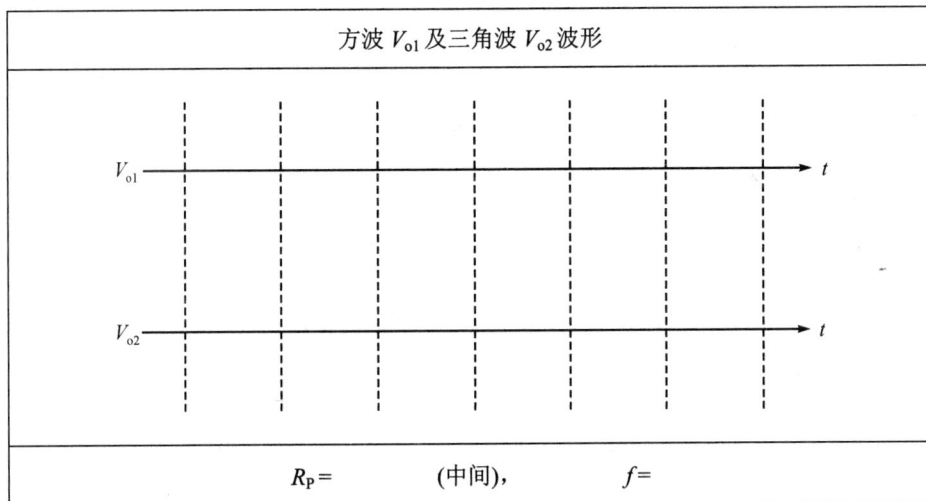
$R_P=$ (中间)， $f=$

(3) 改变 R_P 的位置，观察其对 V_{o1} 和 V_{o2} 幅值和频率的影响，并将测量结果填入表 1-37 中(记录不失真波形参数)。

表 1-37 输出电压参数记录表

频 率	f / kHz	R_P / Ω	$V_{o1P\text{-}P}$ / V	$V_{o2P\text{-}P}$ / V	备 注
频率最高					
频率最低					

(4) 将电位器 R_P 调至中间位置，改变 R_1 为 10 kΩ 的可调电位计，观察其对 V_{o1} 和 V_{o2} 幅值和频率的影响，并将测量结果填入表 1-38 中。

表 1-38　输出电压参数记录表

频　率	f / kHz	R_1 / Ω	$V_{o1P\text{-}P}$ / V	$V_{o2P\text{-}P}$ / V	备　注
频率最高					
频率最低					

(5) 将电位器 R_P 保持在中间位置，R_1 接 10 kΩ 电阻，改变 R_2 为 100 kΩ 的可调电位计，观察其对 V_{o1} 和 V_{o2} 幅值和频率的影响，并将测量结果填入表 1-39 中。(记录有波形的测试参数)

表 1-39　输出电压参数记录表

频　率	f / kHz	R_2 / Ω	$V_{o1P\text{-}P}$ / V	$V_{o2P\text{-}P}$ / V	备　注
频率最高					
频率最低					

材料工具清单

学习领域			电子技能实训				
学习情境十		比较器、方波-三角波发生器			学时	0.25 学时	
项目	序号	名称	作用	数量	型号	使用前	使用后
所用设备							
所用仪器仪表							
所用工具							
所用材料							
所用元器件							
班级		第 组	组长签字			教师签字	

计 划 实 施 单

学习领域	电子技能实训		
学习情境十	比较器、方波-三角波发生器	学时	0.75 学时
实施方式	小组合作；动手实践		
序号	实 施 步 骤		使用资源
1			
2			
3			
4			
5			
6			
7			
8			
9			
10			
11			
12			

实施说明：

班级		第　　组	组长签字	
教师签字			日期	

评 价 单

学习领域	电子技能实训				
学习情境十	比较器、方波-三角波发生器		学时	0.25 学时	
评价类别	项　目	子 项 目	个人评价	组内互评	教师评价
专业能力 (60%)	资讯(10%)	信息的搜集(5%)			
		引导问题的回答(5%)			
	计划(5%)	计划的可执行度(3%)			
		材料工具的安排(2%)			
	实施(20%)	安装、接线操作的规范性(7%)			
		功能的实现(7%)			
		"6S"质量管理(2%)			
		安全用电(2%)			
		创意和拓展性(2%)			
	检查(10%)	全面性、准确性(5%)			
		故障的排除(5%)			
	过程(5%)	使用工具的规范性(2%)			
		操作过程的规范性(2%)			
		工具和仪表使用管理(1%)			
	结果(10%)	结果质量(10%)			
社会能力 (20%)	团结协作 (10%)	小组成员合作良好(5%)			
		对小组的贡献(5%)			
	敬业精神 (10%)	学习的纪律性(5%)			
		爱岗敬业、吃苦耐劳精神(5%)			
方法能力 (20%)	计划能力 (10%)				
	决策能力 (10%)				

评价评语	班级		姓名		学号		总评	
	教师签字		第　　组	组长签字			日期	
	评语：							

实 训 报 告

姓名		学号		系别		班级	
主讲教师		指导教师		日期		专业	
课程名称				实训室名称			

一、实训项目

二、实训目的

三、主要仪器设备

四、实训步骤

小结

教师评语

教师签字：

年　　月　　日

02

第二篇 数电实训篇

2.1 学习情境一
逻辑门电路的逻辑功能及测试

学习情境描述

　　逻辑门电路早期是由分立元件构成的，这种电路体积大，性能差。随着半导体工艺的不断发展、电路设计的不断改进，所有元器件连同布线都被集成在一小块硅芯片上，形成了集成逻辑门。集成逻辑门是最基本的数字集成元件。目前使用最普遍的双极型数字集成电路是 TTL 逻辑门电路，它的品种已超过千种，近年来出现的高速型系列已成为新一代数字设备的支撑器件。通过本学习情境，学生可初步掌握数字电路实验的基本方法，学会查阅器件手册，正确掌握操作规范。

小资料

　　我们已经学习了基本门电路的逻辑功能。门电路往往集成在芯片里，本学习情境将学习集成门电路的引脚排列、使用方法及验证基本逻辑门电路逻辑功能的方法。将理论知识应用于实际，正是马克思主义哲学强调的"理论要与实践相结合"。我们学习理论知识，不是为了学习而学习，而是为了解决实际问题。必须把理论与我们的工作实际相结合，理论认识才能发挥它应有的作用，这就是毛泽东同志所强调的"有的放矢"。实践出真知，离开了实践，理论就成了无源之水、无本之木；离开了实践，理论就成了自说自话的空洞说教。

　　综上所述，首先，我们必须掌握理论。没有理论，就谈不上什么联系实际。我们要努力学习古今中外一切有价值的科学理论。那种轻视理论，特别是轻视社会科学理论的态度是错误的。其次，一定要从实际出发，实事求是，把理论和实践紧密联系起来。

任　务　单

学习领域	电子技能实训		
学习情境一	逻辑门电路的逻辑功能及测试	学时	0.25 学时
学习目标	(1) 掌握 TTL 系列、CMOS 系列的外形及逻辑功能。 (2) 熟悉各种门电路参数的测试方法。 (3) 熟悉集成电路的引脚排列、接线及接线时的注意事项。		
任务描述	本学习情境通过对 TTL 门电路及 CMOS 门电路的功能测试，了解门电路的基本功能和特点。		
对学生的 要求	(1) 复习门电路的工作原理及相应的逻辑表达式。 (2) 学习常用 TTL 门电路和 CMOS 门电路的功能、特点。 (3) 学习三态门的功能特点。 (4) 熟悉所用集成电路的引线位置及各引线的用途。 (5) 用 Multisim 软件对实验进行仿真并分析实验是否成功。 (6) 工作细心，具备节约资源、团队合作的意识。 (7) 严格遵守课堂纪律和工作纪律，不迟到，不早退，不旷课。 (8) 本情境工作任务完成后，需提交学习体会报告。		

资 讯 单

学习领域	电子技能实训		
学习情境一	逻辑门电路的逻辑功能及测试	学时	0.25 学时
资讯方式	在资料角、图书馆、专业杂志、互联网上查找问题；咨询任课教师		
资讯问题	(1) TTL 门电路和 CMOS 门电路有什么区别？		
	(2) 用与非门实现其他逻辑功能的步骤是什么？		
资讯引导			

信 息 单

学习领域	电子技能实训		
学习情境一	逻辑门电路的逻辑功能及测试	学时	0.25 学时
序号	信息内容		

选择实验用的集成电路，按自己设计的实验接线图接好连线，特别注意 V_{CC} 及 GND 不能连接错。线连接好后经检查无误方可通电实验。

1. TTL 门电路及 CMOS 门电路的功能测试

将 CMOS 或门 CD4071，TTL 与非门 74LS00、或非门 74LS02 分别按图 2-1 连线，输入端 A、B 接逻辑开关，输入端 Y 接发光二极管，改变输入状态的高低电平，观察二极管的亮灭，并将输出状态填入表 2-1 中。

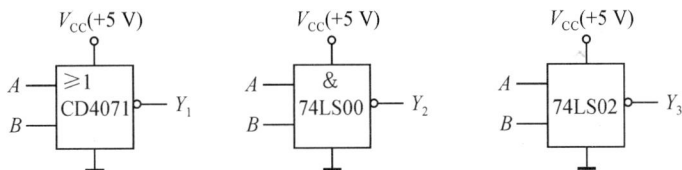

图 2-1 基本门电路各逻辑功能的测试方法

表 2-1 输出状态测量结果

输 入 A B	输出 Y_1	输出 Y_2	输出 Y_3
0 0			
0 1			
1 0			
1 1			
逻辑表达式			
逻辑功能			

2. TTL 门电路输入端的处理方法

将 74LS00 和 74LS02 分别按图 2-2 连线后，A 输入端分别接地、接高电平、悬空、与 B 端并接，观察当 B 端输入信号分别为高、低电平时相应输出端的状态，并将结果填入表 2-2 中。

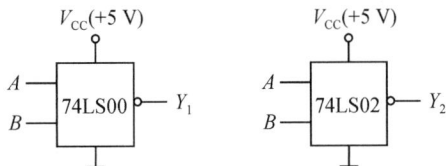

图 2-2 74LS00 和 74LS02 的连线图

续表

表 2-2　输出状态测量结果

输　入		输　出	
A	B	Y_1	Y_2
接地	0		
	1		
接高电平	0		
	1		
悬空	0		
	1		
A、B 并接	0		
	1		

3. TTL 三态门的逻辑功能测试

将 TTL 三态门 74LS125 和反相器按图 2-3 连线，输入端 A、B、C 分别接逻辑开关，输出端接发光二极管，改变控制端 C 和输入信号 A、B 的高、低电平，观察输出状态，并将结果填入表 2-3 中。

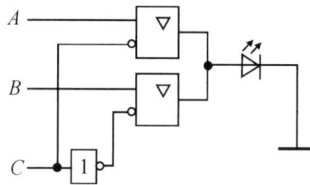

图 2-3　TTL 三态门逻辑功能测试电路

表 2-3　输出状态测量结果

C	A	B	Y	表达式
0	0	1		
0	1	0		
1	0	1		
1	1	0		

材料工具清单

学习领域	电子技能实训						
学习情境一	逻辑门电路的逻辑功能及测试			学时		0.25 学时	
项目	序号	名称	作用	数量	型号	使用前	使用后
所用设备							
所用仪器仪表							
所用工具							
所用材料							
所用元器件							
班级		第　　组	组长签字			教师签字	

计 划 实 施 单

学习领域	电子技能实训		
学习情境一	逻辑门电路的逻辑功能及测试	学时	0.75 学时
实施方式	小组合作；动手实践		
序号	实 施 步 骤		使用资源
1			
2			
3			
4			
5			
6			
7			
8			
9			
10			
11			
12			

实施说明：

班级		第　　组	组长签字	
教师签字			日期	

评 价 单

学习领域	电子技能实训				
学习情境一	逻辑门电路的逻辑功能及测试		学时	0.25 学时	
评价类别	项　目	子 项 目	个人评价	组内互评	教师评价
专业能力 (60%)	资讯(10%)	信息的搜集(5%)			
		引导问题的回答(5%)			
	计划(5%)	计划的可执行度(3%)			
		材料工具的安排(2%)			
	实施(20%)	安装、接线操作的规范性(7%)			
		功能的实现(7%)			
		"6S"质量管理(2%)			
		安全用电(2%)			
		创意和拓展性(2%)			
	检查(10%)	全面性、准确性(5%)			
		故障的排除(5%)			
	过程(5%)	使用工具的规范性(2%)			
		操作过程的规范性(2%)			
		工具和仪表使用管理(1%)			
	结果(10%)	结果质量(10%)			
社会能力 (20%)	团结协作 (10%)	小组成员合作良好(5%)			
		对小组的贡献(5%)			
	敬业精神 (10%)	学习的纪律性(5%)			
		爱岗敬业、吃苦耐劳精神(5%)			
方法能力 (20%)	计划能力 (10%)				
	决策能力 (10%)				
评价评语	班级		姓名	学号	总评
	教师签字		第　　组	组长签字	日期
	评语：				

实 训 报 告

姓名		学号		系别		班级	
主讲教师		指导教师		日期		专业	
课程名称				实训室名称			

一、实训项目

二、实训目的

三、主要仪器设备

四、实训步骤

小结

教师评语

教师签字：

年　　　月　　　日

2.2 学习情境二

组合逻辑电路的设计

学习情境描述

常见的中规模组合电路器件很多，本实验主要用小规模门电路来模拟并验证之。本节内容是组合门电路的重要组成部分，它在教材中起着承上启下的作用，既是对前面所学的逻辑电路图、真值表、逻辑函数表达式及逻辑代数等知识的综合运用，又为后续加法器、译码器、编码器等中规模组合逻辑电路的学习奠定基础。

组合逻辑电路的设计过程包括：

(1) 根据要求把一个实际问题转化为逻辑问题。

(2) 确定输入变量及输出函数，列出真值表。

(3) 进行逻辑化简，得到最简逻辑函数的表达式。

(4) 画出逻辑图，选择器件构成电路。

(5) 检测电路是否正确。

在以上几个方面中，第一步最关键，如果题意理解错误，则设计出来的电路就不能符合要求；同时，逻辑函数的化简也是一个重要的环节，通过化简，可以用较少的逻辑门实现相同的逻辑功能，这样一来，就降低成本、节约器件、增加电路可靠性。随着集成电路的发展，化简的意义已经演变为怎样使电路最佳，所以，设计中必须考虑电路的稳定性，即有无竞争冒险的现象，竞争冒险会影响电路的正常工作，如果设计的电路有竞争冒险的现象，就需要采用合适的方法予以消除。

小资料

通过组合逻辑电路的设计步骤大家可以看到做事要有章法，要按部就班，一步一个脚印、踏踏实实地做人做事。

　　逻辑函数的公式法化简和卡诺图法化简，对比化简前后逻辑函数的繁简程度，我们要实现同样的逻辑关系，所用的逻辑门数量越少越好，以达到既提高电路可靠性，又节约成本的目的。无论平时做事情还是日后工作，都要考虑经济成本、时间成本。

　　加法器分为串行进位加法器和超前进位加法器(并行进位加法器)。其中串行进位加法器虽然结构简单，但是运行速度慢；超前进位加法器虽然运行速度快，但是电路结构复杂。任何事物都有两面性，好的一面和坏的一面。如果遇到每一件事时，都仔细想想这件事的背后就会发现，世界上没有绝对的坏事，也没有绝对的好事，正所谓"塞翁失马焉知非福"。马克思主义认为任何事物都是作为矛盾统一体而存在的，矛盾是事物发展的源泉和动力。事物运动发展是矛盾运动的结果，事物总是具有两面性的，既对立又统一，所以我们应该正确对待事物的两面性，即使遭遇困难挫折，也应该从另一个角度理性地去分析事情有利的一面，避免钻牛角尖。

任 务 单

学习领域	电子技能实训		
学习情境二	组合逻辑电路的设计	学时	0.25 学时
学习目标	(1) 掌握组合逻辑电路的设计方法及功能测试方法。 (2) 熟悉组合电路的特点。		
任务描述	本学习情境通过设计全加器，掌握组合逻辑电路设计的方法和步骤。		
对学生的 要求	(1) 学习所用中规模集成组件的功能、外部引线的排列及使用方法。 (2) 学习组合逻辑电路的功能特点和结构特点。 (3) 学习中规模集成组件的一般分析及设计方法。 (4) 用 Multisim 软件对实验进行仿真并分析实验是否成功。 (5) 工作细心，具备节约资源、团队合作的意识。 (6) 严格遵守课堂纪律和工作纪律，不迟到，不早退，不旷课。 (7) 本情境工作任务完成后，需提交实训报告。		

资 讯 单

学习领域	电子技能实训		
学习情境二	组合逻辑电路的设计	学时	0.25 学时
资讯方式	在资料角、图书馆、专业杂志、互联网上查找问题；咨询任课教师		
资讯问题	(1) 冒险会不会影响组合电路的正常工作？		
	(2) 在进行组合逻辑电路设计时，最佳的设计方案是怎样的？		
	(3) 最简的组合电路是否就是最佳的组合电路？		
资讯引导			

信　息　单

学习领域	电子技能实训		
学习情境二	组合逻辑电路的设计	学时	0.25 学时
序号	信息内容		

1. 设计一个一位加法器

(1) 用四 2 输入异或门(74LS86)和四 2 输入与非门(74LS00)设计一个一位全加器。列出真值表，如表 2-4 所示。其中 A_i、B_i、C_i 分别为一个加数、另一个加数、低位向本位的进位；S_i、C_{i+1} 分别为本位和、本位向高位的进位。

表 2-4　一位全加器的真值表

A_i	B_i	C_i	S_i	C_{i+1}
0	0	0	0	0
0	0	1	1	0
0	1	0	1	0
0	1	1	0	1
1	0	0	1	0
1	0	1	0	1
1	1	0	0	1
1	1	1	1	1

(2) 由表 2-4 写出函数表达式。

$$C_{i+1} = A_i \overline{B_i} C_i + \overline{A_i} B_i C_i + A_i B_i \overline{C_i} + A_i B_i C_i$$

$$S_i = \overline{A_i B_i} C_i + \overline{A_i} B_i \overline{C_i} + A_i \overline{B_i} \overline{C_i} + A_i B_i C_i$$

(3) 将上面两个逻辑表达式转换为能用四 2 输入异或门(74LS86)和四 2 输入与非门(74LS00)实现的表达式。

$$C_{i+1} = \overline{\overline{(A_i \oplus B_i C_i)} \, \overline{A_i B}} \quad\quad S_i = A_i \oplus B_i \oplus C_i$$

(4) 画出逻辑电路图如图 2-4 所示，并在图中标明芯片引脚号。按图选择需要的集成块及门电路连线，将 A_i、B_i、C_i 接逻辑开关，输出 S_i、C_{i+1} 接发光二极管，改变输入信号的状态，验证全加器的真值表。

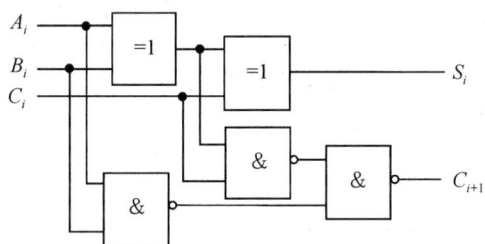

图 2-4　一位全加器的逻辑电路图

2. 射击游戏

在一个射击游戏中，每人可打三枪，一枪打鸟(A)，一枪打鸡(B)，一枪打兔子(C)。游戏规则是：打中两枪并且其中有一枪必须是打中鸟者得奖(Z)。试用与非门设计判断得奖的电路。(请按照设计步骤独立完成)

3. 实验报告的要求

(1) 画出实验电路连线示意图，整理实验数据，并分析实验结果与理论值是否相等。

(2) 设计判断得奖电路时需写出的真值表并得到相应的输出表达式和逻辑电路图。

(3) 总结中规模集成电路的使用方法及功能。

材料工具清单

学习领域		电子技能实训					
学习情境二		组合逻辑电路的设计			学时		0.25 学时
项目	序号	名称	作用	数量	型号	使用前	使用后
所用设备							
所用仪器仪表							
所用工具							
所用材料							
所用元器件							
班级		第　　组	组长签字			教师签字	

计 划 实 施 单

学习领域	电子技能实训		
学习情境二	组合逻辑电路的设计	学时	0.75 学时
实施方式	小组合作；动手实践		
序号	实 施 步 骤		使用资源
1			
2			
3			
4			
5			
6			
7			
8			
9			
10			
11			
12			

实施说明：

班级		第　　组	组长签字	
教师签字			日期	

评　价　单

学习领域		电子技能实训			
学习情境二		组合逻辑电路的设计	学时		0.25 学时
评价类别	项　目	子　项　目	个人评价	组内互评	教师评价
专业能力(60%)	资讯(10%)	信息的搜集(5%)			
		引导问题的回答(5%)			
	计划(5%)	计划的可执行度(3%)			
		材料工具的安排(2%)			
	实施(20%)	安装、接线操作的规范性(7%)			
		功能的实现(7%)			
		"6S"质量管理(2%)			
		安全用电(2%)			
		创意和拓展性(2%)			
	检查(10%)	全面性、准确性(5%)			
		故障的排除(5%)			
	过程(5%)	使用工具的规范性(2%)			
		操作过程的规范性(2%)			
		工具和仪表使用管理(1%)			
	结果(10%)	结果质量(10%)			
社会能力(20%)	团结协作(10%)	小组成员合作良好(5%)			
		对小组的贡献(5%)			
	敬业精神(10%)	学习的纪律性(5%)			
		爱岗敬业、吃苦耐劳精神(5%)			
方法能力(20%)	计划能力(10%)				
	决策能力(10%)				
评价评语	班级		姓名		学号		总评	
	教师签字		第　　组	组长签字		日期	
	评语：					

实 训 报 告

姓名		学号		系别		班级	
主讲教师		指导教师		日期		专业	
课程名称				实训室名称			

一、实训项目

二、实训目的

三、主要仪器设备

四、实训步骤

小结

教师评语

教师签字：

年　　月　　日

2.3 学习情境三

数据选择器及其应用

学习情境描述

数据选择器又叫多路开关，是一种重要的组合逻辑部件，它可以实现从多路数据传输中选择任何一路信号输出，选择的控制由专门的端口编码决定，称为地址码。利用数据选择器可以完成很多的逻辑功能，例如由数据选择器可构成函数发生器、桶形移位器、并串转换器、波形产生器等。数据选择器在地址码(或叫选择控制)电位的控制下，从几个输入数据中选择一个并将其送到一个公共的输出端。数据选择器的功能类似一个多掷开关，如图 2-5 所示，图中有四路数据 D_0、D_1、D_2、D_3，通过选择控制信号 A_1、A_0(地址码)从四路数据中选中某一路数据送至输出端 Q。

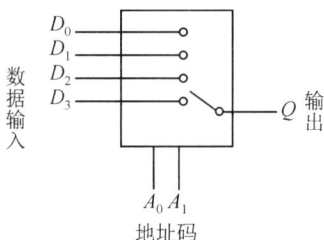

图 2-5　4 选 1 数据选择器示意图

小资料

在组合电路中每个门电路实现一个功能，只有所有功能加在一起，才能构成一套完整的逻辑。大家要正确看待个体与整体的辩证关系，充分发挥个人在创新团队中的作用，在提高团队凝聚力和综合性创新能力的同时实现个人的创造力和核心力。通过一般门电路和数据选择器均能实现表决器的设计，体现了条条大路通罗马，要具有创新思维。科技进步靠大家，大家要具有社会责任感和历史使命感。少年强则国强，科技兴则民族兴，利用自身掌握的技术可以为人类造福，大家要提高自己服务社会的历史责任感和使命感。

任　务　单

学习领域	电子技能实训		
学习情境三	数据选择器及应用	学时	0.25 学时
学习目标	(1) 通过实验的方法学习数据选择器的电路结构和特点。 (2) 掌握数据选择器的逻辑功能和它的测试。 (3) 掌握数据选择器的基本应用。		
任务描述	本学习情境通过验证数据选择器的功能,用双 4 选 1 数据选择器 74LS153 实现全加器。		
对学生的 要求	(1) 熟悉 74LS153 的工作原理及使用方法。 (2) 根据实验内容要求,写出设计的全过程,并画出实验电路图。 (3) 用 Multisim 软件对实验进行仿真并分析实验是否成功。 (4) 工作细心,具备节约资源、团队合作的意识。 (5) 严格遵守课堂纪律和工作纪律,不迟到,不早退,不旷课。 (6) 本情境工作任务完成后,需提交实训报告。		

资 讯 单

学习领域	电子技能实训		
学习情境三	数据选择器及应用	学时	0.25 学时
资讯方式	在资料角、图书馆、专业杂志、互联网上查找问题；咨询任课教师		
资讯问题	(1) 用双 4 选 1 数据选择器 74LS153 是怎样连接成 8 选 1 数据选择器的?		
	(2) 数据选择器 74LS153 的使能端有什么用处?		
资讯引导			

信 息 单

学习领域	电子技能实训		
学习情境三	数据选择器及应用	学时	0.25 学时
序号	信息内容		

1. 验证 74LS153 的逻辑功能

由双 4 选 1 多路数据选择器 74LS153 接成的电路如图 2-6 所示，将 A_1、A_0 接逻辑开关，数据输入端 D_0、D_1、D_2、D_3 接逻辑开关，输出端 Y 接发光二极管，观察输出状态并将结果填入表 2-5 中。

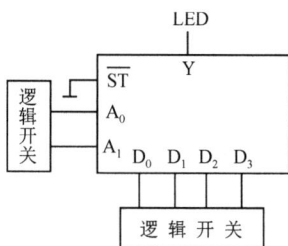

图 2-6 74LS153 的逻辑功能验证电路

表 2-5 输出状态测量结果

输 入			输					输
$\overline{ST}$	A_1	A_0		D_3	D_2	D_1	D_0	Y
1	×	×		×	×	×	×	
0	0	0		0	0	0	0	
0	0	0		0	0	0	1	
0	0	1		0	0	0	0	
0	0	1		0	0	1	0	
0	1	0		0	0	0	0	
0	1	0		0	1	0	0	
0	1	1		0	0	0	0	
0	1	1		1	0	0	0	

2. 用双 4 选 1 数据选择器 74LS153 设计三输入多数表决电路

(1) 写出设计过程。

(2) 画出接线图并在 74LS153 上连接好电路。

(3) 验证其逻辑功能。

3. 用双 4 选 1 数据选择器 74LS153 实现全加器

(1) 写出设计过程。

(2) 画出接线图并在 74LS153 上连接好电路。

(3) 验证其逻辑功能。

材料工具清单

学习领域		电子技能实训					
学习情境三		数据选择器及应用		学时		0.25 学时	
项目	序号	名称	作用	数量	型号		
所用设备							
所用仪器仪表							
所用工具							
所用材料							
所用元器件							
班级		第 组	组长签字			教师签字	

计 划 实 施 单

学习领域	电子技能实训		
学习情境三	数据选择器及应用	学时	0.75 学时
实施方式	小组合作；动手实践		
序号	实 施 步 骤		使用资源
1			
2			
3			
4			
5			
6			
7			
8			
9			
10			
11			
12			

实施说明：

班级		第 组	组长签字	
教师签字			日期	

评 价 单

学习领域		电子技能实训			
学习情境三		数据选择器及应用	学时		0.25 学时
评价类别	项 目	子 项 目	个人评价	组内互评	教师评价
专业能力 (60%)	资讯(10%)	信息的搜集(5%)			
		引导问题的回答(5%)			
	计划(5%)	计划的可执行度(3%)			
		材料工具的安排(2%)			
	实施(20%)	安装、接线操作的规范性(7%)			
		功能的实现(7%)			
		"6S"质量管理(2%)			
		安全用电(2%)			
		创意和拓展性(2%)			
	检查(10%)	全面性、准确性(5%)			
		故障的排除(5%)			
	过程(5%)	使用工具的规范性(2%)			
		操作过程的规范性(2%)			
		工具和仪表使用管理(1%)			
	结果(10%)	结果质量(10%)			
社会能力 (20%)	团结协作 (10%)	小组成员合作良好(5%)			
		对小组的贡献(5%)			
	敬业精神 (10%)	学习的纪律性(5%)			
		爱岗敬业、吃苦耐劳精神(5%)			
方法能力 (20%)	计划能力 (10%)				
	决策能力 (10%)				
评价评语	班级		姓名	学号	总评
	教师签字		第 组	组长签字	日期
	评语：				

实 训 报 告

姓名		学号		系别		班级	
主讲教师		指导教师		日期		专业	
课程名称				实训室名称			

一、实训项目

二、实训目的

三、主要仪器设备

四、实训步骤

小结

教师评语

教师签字：

年　　月　　日

2.4　学习情境四
译码器及其应用

 **学习情境描述**

译码是编码的反过程，用于将给定的二进制代码翻译成编码时赋予的原意。

译码器是实现译码功能的电路。

译码器的特点如下：

(1) 为多输入、多输出组合逻辑电路。

(2) 输入是以 n 位二进制代码的形式出现的，输出是与之对应的电位信息。

译码器的分类如下：

(1) 通用译码器：包括二进制、二-十进制译码器。

(2) 显示译码器：包括 TTL 共阴显示译码器、TTL 共阳显示译码器、CMOS 显示译码器。

 **小资料**

学习逻辑电路的概念时，我们了解了逻辑电路研究的是输出信号和输入信号间的逻辑关系。我们在人生的十字路口会面临很多选择，其实人生是不断选择叠加在一起的结果，有的人在选择的时候另辟蹊径，寻求不同的路，而有的人在踏实本分地走别人走过的路。其实从概率来讲，选择大概率的途径才容易获得成功。有的人以及时行乐为人生要义，认为努力不一定成功，不努力一定很舒服。但在人的一生中，没有什么比努力学习更容易的了。我们努力学习、工作是为了事业有成，生活得更好，所以应该选择勤奋，而不是投机，这才符合人生的逻辑。

任　务　单

学习领域	电子技能实训		
学习情境四	译码器及其应用	学时	0.25 学时
学习目标	(1) 通过实验学习译码器的电路结构和特点。 (2) 掌握译码器的逻辑功能及其测试。 (3) 掌握译码器的基本应用。		
任务描述	本学习情境对译码器功能进行测试，并进行拓展应用，用一片 3-8 译码器 74LS138 及一片双与非门 74LS20 组成一位全加器。		
对学生的 要求	(1) 复习有关译码器的原理。 (2) 根据实验任务，画出所需的实验线路并记录表格。 (3) 用 Multisim 软件对实验进行仿真并分析实验是否成功。 (4) 工作细心，具备节约资源、团队合作的意识。 (5) 严格遵守课堂纪律和工作纪律，不迟到，不早退，不旷课。 (6) 本情境工作任务完成后，需提交实训报告。		

资　讯　单

学习领域	电子技能实训		
学习情境四	译码器及其应用	学时	0.25 学时
资讯方式	在资料角、图书馆、专业杂志、互联网上查找问题；咨询任课教师		
资讯问题	(1) 译码器分为哪几类？ (2) 请将 74LS138 扩展成 4 线译码器，并试画出扩展后的电路图。		
资讯引导			

信　息　单

学习领域	电子技能实训		
学习情境四	译码器及其应用	学时	0.25 学时
序号	信息内容		

1. 译码器的功能测试

将 74LS139 双 2-4 线译码器按图 2-7 所示连接。输入端 A_1、A_0 接逻辑开关,输出端 $Y_0 \sim Y_3$ 接发光二极管。改变逻辑开关的状态,观察输出,写出 $Y_0 \sim Y_3$ 的数值并完成表 2-6 及其表达式。

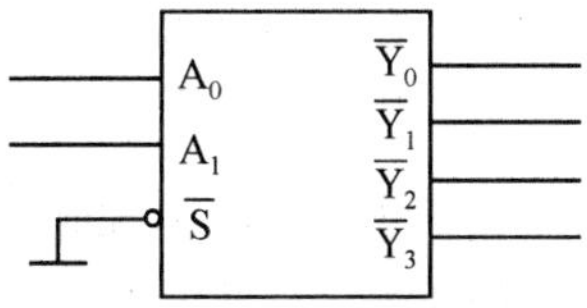

图 2-7　74LS139 译码器的功能测试电路

表 2-6　输出状态测量结果

A_1	A_2	$\overline{Y}_0$ $\overline{Y}_1$ $\overline{Y}_2$ $\overline{Y}_3$
0	0	
0	1	
1	0	
1	1	

$\overline{Y}_0 = \underline{\hspace{2cm}}$　　$\overline{Y}_1 = \underline{\hspace{2cm}}$　　$\overline{Y}_2 = \underline{\hspace{2cm}}$　　$\overline{Y}_3 = \underline{\hspace{2cm}}$

2. 译码器的级联应用

用 2-4 线译码器 74LS139 组成如图 2-8 所示的电路,输入端 $D_0 \sim D_2$ 接逻辑开关,输出端 $Y_0 \sim Y_7$ 接发光二极管,改变输入信号的状态,观察输出,写出 $Y_0 \sim Y_7$ 的表达式,并填表 2-7。

表 2-7　输出状态测量结果

D_2	D_1	D_0	$\overline{Y}_7$ $\overline{Y}_6$ $\overline{Y}_5$ $\overline{Y}_4$ $\overline{Y}_3$ $\overline{Y}_2$ $\overline{Y}_1$ $\overline{Y}_0$

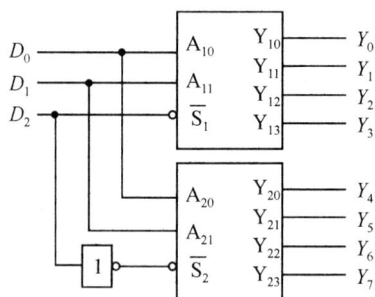

图 2-8　译码器的级联应用电路

3. 74LS138 的应用

用一片 3-8 译码器 74LS138 及一片双与非门 74LS20 组成一位全加器，全加器的三个输入端分别为被加数 X、加数 Y、低位向高位的进位 C_{i-1}，输出为 S_i，本位进位输出为 C_i。

(1) 写出真值表。

(2) 写出逻辑表达式。

(3) 画出电路图。

(4) 通过实验分析验证所设计的电路是否正确。

材料工具清单

学习领域		电子技能实训					
学习情境四		译码器及其应用			学时	0.25 学时	
项目	序号	名称	作用	数量	型号	使用前	使用后
所用设备							
所用仪器仪表							
所用工具							
所用材料							
所用元器件							
班级		第　　组	组长签字			教师签字	

计 划 实 施 单

学习领域	电子技能实训		
学习情境四	译码器及其应用	学时	0.75 学时
实施方式	小组合作；动手实践		
序号	实 施 步 骤		使用资源
1			
2			
3			
4			
5			
6			
7			
8			
9			
10			
11			
12			

实施说明：

班级		第　　组	组长签字	
教师签字			日期	

评　价　单

学习领域		电子技能实训			
学习情境四		译码器及其应用	学时	0.25 学时	
评价类别	项　目	子　项　目	个人评价	组内互评	教师评价
专业能力 (60%)	资讯(10%)	信息的搜集(5%)			
		引导问题的回答(5%)			
	计划(5%)	计划的可执行度(3%)			
		材料工具的安排(2%)			
	实施(20%)	安装、接线操作的规范性(7%)			
		功能的实现(7%)			
		"6S"质量管理(2%)			
		安全用电(2%)			
		创意和拓展性(2%)			
	检查(10%)	全面性、准确性(5%)			
		故障的排除(5%)			
	过程(5%)	使用工具的规范性(2%)			
		操作过程的规范性(2%)			
		工具和仪表使用管理(1%)			
	结果(10%)	结果质量(10%)			
社会能力 (20%)	团结协作 (10%)	小组成员合作良好(5%)			
		对小组的贡献(5%)			
	敬业精神 (10%)	学习的纪律性(5%)			
		爱岗敬业、吃苦耐劳精神(5%)			
方法能力 (20%)	计划能力 (10%)				
	决策能力 (10%)				
评价评语	班级		姓名	学号	总评
	教师签字		第　　组	组长签字	日期
	评语：				

实 训 报 告

姓名		学号		系别		班级	
主讲教师		指导教师		日期		专业	
课程名称			实训室名称				

一、实训项目

二、实训目的

三、主要仪器设备

四、实训步骤

小结

教师评语

教师签字：
年　　　月　　　日

2.5 学习情境五

字段译码器的逻辑功能测试及应用

学习情境描述

LED 数码管是目前最常用的数字显示器，一个 LED 数码管可用来显示一位 0~9 的十进制数和一个小数点。小型数码管(0.5 寸和 0.36 寸)的每段发光二极管的正向压降，会随显示光(通常为红、绿、黄、橙色)的颜色不同略有差别，通常为 2~2.5 V，每个发光二极管的点亮电流为 5~10 mA。LED 数码管要显示 BCD 码所表示的十进制数字就需要有一个专门的译码器，该译码器不但要完成译码功能，还要有相当的驱动能力。

小资料

大家都见过交通路口的红绿灯，红绿灯的倒计时秒数就是采用数码管的显示功能，红绿灯的出现使得交通秩序井然有序，减少了交通事故的发生。我们不能想象没有交通红绿灯的世界会是什么样子，那一定是充满危险的，每个人都提心吊胆。文明交通需要我们共同来维护，保证自己不闯红灯，如若见他人闯红灯，也应善意提醒，以共同打造良好的生活环境。生活环境安逸才有可能实现自身的价值进而造福社会。现在的红绿灯路口已经设立了电子警察，用来显示不遵守交通秩序的人的相关信息，以示告诫，从诚信的角度来说也要求我们做一个遵纪守法讲诚信的人。

任 务 单

学习领域	电子技能实训		
学习情境五	字段译码器的逻辑功能测试及应用	学时	0.25 学时
学习目标	(1) 掌握七段译码驱动器 74LS47 的逻辑功能。 (2) 掌握 LED 七段数码管的判别方法。 (3) 熟悉常用字段译码器的典型应用。		
任务描述	本学习情境进行集成七段显示译码器的功能测试，并学会判别方法。		
对学生的 要求	(1) 总结出 74LS74 各功能端的作用。 (2) 画出共阴共阳七段数码管的原理图。 (3) 总结共阳共阴的判别及其好坏的判别方法。 (4) 工作细心，具备节约资源、团队合作的意识。 (5) 严格遵守课堂纪律和工作纪律，不迟到，不早退，不旷课。 (6) 本情境工作任务完成后，需提交实训报告。		

资　讯　单

学习领域	电子技能实训		
学习情境五	字段译码器的逻辑功能测试及应用	学时	0.25 学时
资讯方式	在资料角、图书馆、专业杂志、互联网上查找问题；咨询任课教师		
资讯问题	(1) LED 七段数码管的判别方法是怎样的？		
	(2) 七段译码驱动器 74LS47 的逻辑功能是怎样的？		
资讯引导			

信　息　单

学习领域	电子技能实训			
学习情境五	字段译码器的逻辑功能测试及应用	学时	0.25 学时	
序号	信息内容			

1. 七段发光二极管(LED)数码管

LED 数码管是目前最常用的数字显示器，图 2-9(a)、(b)为共阴管和共阳管的电路，图(c)为两种不同出线形式的引出脚的功能图。

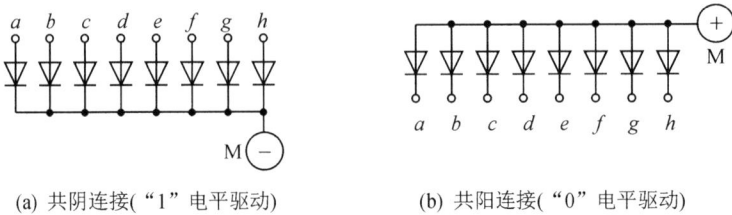

(a) 共阴连接("1"电平驱动)　　　　(b) 共阳连接("0"电平驱动)

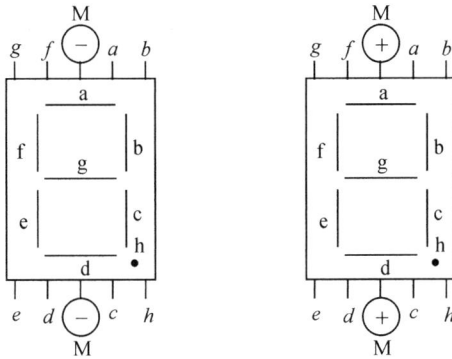

(c) 符号及引脚的功能

图 2-9　LED 数码管

2. BCD 码七段译码驱动器

此类译码器型号有 74LS47(共阳)、74LS48(共阴)、CC4511(共阴)等，本实验是采用 74LS47 七段译码驱动器驱动共阳极 LED 数码管，74LS47 引脚排列如图 2-10 所示。

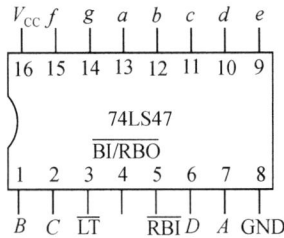

图 2-10　74LS47 引脚排列

在表 2-8 中：

(1) A、B、C、D：BCD 码输入端。

(2) a、b、c、d、e、f、g：译码输出端，输出 0 有效，用来驱动共阳极 LED 数码管。

(3) $\overline{BI}$：消隐输入端，$\overline{BI} = 0$ 时，译码输出全为 1。

(4) $\overline{LT}$：测试输入端，$\overline{BI} = 1$，$\overline{LT} = 0$ 时，译码输出全为 0。

(5) $\overline{RBI}$：当 $\overline{BI} = \overline{LT} = 1$，$\overline{RBI} = 0$ 时，输入 DCBA 为 0000，译码输出全为 1。当 DCBA 为其他各种组合时，正常显示。它主要用来熄灭无效的前零和后零。

表 2-8　74LS47 字段译码器逻辑功能测试输入输出关系表

输　　入							输　　出							
$\overline{RBI}$	$\overline{LT}$	$\overline{BI}/\overline{RBO}$	D	C	B	A	a	b	c	d	e	f	g	字形
×	×	0	×	×	×	×	1	1	1	1	1	1	1	消隐
×	0	1	×	×	×	×	0	0	0	0	0	0	0	8
1	1	1	0	0	0	0	0	0	0	0	0	0	1	0
×	1	1	0	0	0	1	1	0	0	1	1	1	1	1
×	1	1	0	0	1	0	0	0	1	0	0	1	0	2
×	1	1	0	0	1	1	0	0	0	0	1	1	0	3
×	1	1	0	1	0	0	1	0	0	1	1	0	0	4
×	1	1	0	1	0	1	0	1	0	0	1	0	0	5
×	1	1	0	1	1	0	1	1	0	0	0	0	0	6
×	1	1	0	1	1	1	0	0	0	1	1	1	1	7
×	1	1	1	0	0	0	0	0	0	0	0	0	0	8
×	1	1	1	0	0	1	0	0	0	1	1	0	0	9
×	1	1	1	0	1	0	1	1	1	0	0	1	0	
×	1	1	1	0	1	1	1	1	0	0	1	1	0	
×	1	1	1	1	0	0	1	0	1	1	1	0	0	
×	1	1	1	1	0	1	0	1	1	0	1	0	0	
×	1	1	1	1	1	0	1	1	1	0	0	0	0	
×	1	1	1	1	1	1	1	1	1	1	1	1	1	消隐
0	1	0	0	0	0	0	1	1	1	1	1	1	1	灭零

(6) $\overline{RBO}$：当本位的 0 熄灭时，$\overline{RBO} = 0$，在多位显示系统中，它与下一位的 $\overline{RBI}$ 相连，通知下位如果是零也可熄灭。

3. 集成七段显示译码器的功能测试

按照图 2-11 连线，输出端接数码管，对照功能表逐项进行测试，并将实验结果与功能表进行比较。

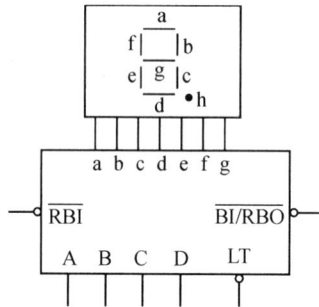

图 2-11　集成七段显示译码器的功能测试电路

4. LED 七段数码管的判别方法

1) 共阳共阴的判别及其好坏的判别

先确定显示器的两个公共端，两者是相通的。这两端可能是两个地端(共阴极)，也可能是两个 V_{CC} 端(共阳极)，然后用万用表像判别普通二极管正负极那样判断，即可确定出两者是共阳还是共阴，其好坏也随之确定。

2) 字段引脚判别

将共阴显示器的接地端和万用表的黑表笔相接触，万用表的红表笔接触七段引脚之一，根据发光情况则可以判别出 a、b、c 等七段。对于共阳显示器，先将它的 V_{CC} 和万用表的红表笔相接触，万用表的黑表笔分别接显示器的各字段引脚，如果七段之一分别发光，就可判断之。

材料工具清单

学习领域	电子技能实训						
学习情境五	字段译码器的逻辑功能测试及应用			学时		0.25 学时	
项目	序号	名称	作用	数量	型号	使用前	使用后
所用设备							
所用仪器仪表							
所用工具							
所用材料							
所用元器件							
班级		第　　组	组长签字			教师签字	

计 划 实 施 单

学习领域	电子技能实训		
学习情境五	字段译码器的逻辑功能测试及应用	学时	0.75 学时
实施方式	小组合作；动手实践		
序号	实 施 步 骤		使用资源
1			
2			
3			
4			
5			
6			
7			
8			
9			
10			
11			
12			

实施说明：

班级		第　　组	组长签字	
教师签字			日期	

评　价　单

学习领域		电子技能实训			
学习情境五		字段译码器的逻辑功能测试及应用	学时		0.25 学时
评价类别	项　目	子　项　目	个人评价	组内互评	教师评价
专业能力 (60%)	资讯(10%)	信息的搜集(5%)			
		引导问题的回答(5%)			
	计划(5%)	计划的可执行度(3%)			
		材料工具的安排(2%)			
	实施(20%)	安装、接线操作的规范性(7%)			
		功能的实现(7%)			
		"6S"质量管理(2%)			
		安全用电(2%)			
		创意和拓展性(2%)			
	检查(10%)	全面性、准确性(5%)			
		故障的排除(5%)			
	过程(5%)	使用工具的规范性(2%)			
		操作过程的规范性(2%)			
		工具和仪表使用管理(1%)			
	结果(10%)	结果质量(10%)			
社会能力 (20%)	团结协作 (10%)	小组成员合作良好(5%)			
		对小组的贡献(5%)			
	敬业精神 (10%)	学习的纪律性(5%)			
		爱岗敬业、吃苦耐劳精神(5%)			
方法能力 (20%)	计划能力 (10%)				
	决策能力 (10%)				
评价评语	班级		姓名		学号		总评	
	教师签字		第　　组	组长签字		日期	
	评语：					

实 训 报 告

姓名		学号		系别		班级	
主讲教师		指导教师		日期		专业	
课程名称				实训室名称			

一、实训项目

二、实训目的

三、主要仪器设备

四、实训步骤

小结

教师评语

教师签字：

年　　月　　日

2.6 学习情境六

触 发 器

学习情境描述

触发器是构成时序电路的基本单元，属于数字逻辑电路的重要部分，虽然它也是由多个门电路组成的，但是电路内部存在输出信号对输入信号的反馈，所以触发器具有记忆功能。触发器广泛应用于现代数字电路与逻辑系统中。触发器的品种很多，按逻辑功能分，有 RS 触发器、JK 触发器、D 触发器、T 触发器等；按电路原理分，有基本触发器、钟控触发器、主从触发器、边沿触发器等。不管哪种触发器，它的输出不外乎置 0、置 1、保持、翻转四者之一。

小资料

触发器是时序逻辑电路的基本单元，具有存储和记忆功能。一个触发器能存储一位二进制数。计算机中既要有计算和处理二进制数的部件，也要有存储二进制数的部件，如计算机中的寄存器、内存。我国一直是全球最大的芯片进口国、芯片消耗国。目前国内两大存储芯片巨头已经崛起,这两家存储芯片巨头分别是长江存储(YMTC)和长鑫存储(CXMT)。我们的国产存储芯片有望率先实现 70%的国产芯片自给率目标，将极大缓解我国需要大量进口芯片的尴尬局面，同时也会对全球存储芯片的市场格局产生重大影响。因此，我们要增强民族自豪感和荣誉感，增强"四个自信"，同时认真学习、努力实践，为我国的科学和经济发展添砖加瓦。

任　务　单

学习领域	电子技能实训		
学习情境六	触发器	学时	0.25 学时
学习目标	(1) 熟悉基本 RS 触发器、D 触发器、JK 触发器、门控制锁存器的逻辑功能与特点。 (2) 掌握各功能端的作用。 (3) 学会使用双踪示波器。		
任务描述	本学习情境验证触发器的逻辑功能，并实现不同触发器之间的转换。		
对学生的 要求	(1) 学习触发器的逻辑功能、表示方法及触发方式。 (2) JK 触发器中，若 $\overline{S_\mathrm{d}} = \overline{R_\mathrm{d}} = 1$，$J = K = 1$，此时时钟信号的频率与输出端 Q 的输出频率之间存在什么关系？ (3) 用 Multisim 软件对实验进行仿真并分析实验是否成功。 (4) 工作细心，具备节约资源、团队合作的意识。 (5) 严格遵守课堂纪律和工作纪律，不迟到，不早退，不旷课。 (6) 本情境工作任务完成后，需提交实训报告。		

资　讯　单

学习领域	电子技能实训		
学习情境六	触发器	学时	0.25 学时
资讯方式	在资料角、图书馆、专业杂志、互联网上查找问题；咨询任课教师		
资讯问题	RS 触发器为什么不允许出现两个输入同时为零的情况？		
资讯引导			

信　息　单

学习领域	电子技能实训		
学习情境六	触发器	学时	0.25 学时
序号	信息内容		

1. 基本 RS 触发器

按图 2-12 接成基本 RS 触发器，$\overline{R}$、$\overline{S}$ 为输入信号，输出 Q 和 $\overline{Q}$ 分别接发光二极管，改变输入，观察输出端 Q 和 $\overline{Q}$ 的状态，并填表 2-9。

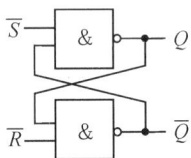

图 2-12　基本 RS 触发器电路

表 2-9　基本 RS 触发器输出测试结果

$\overline{R}$	$\overline{S}$	Q	$\overline{Q}$
0	0		
0	1		
1	0		
1	1		

2. D 触发器

(1) 验证 D 触发器的逻辑功能。

将 D 触发器 74LS74 的 $\overline{R}_d$、$\overline{S}_d$ 和 D 输入端分别接逻辑开关，CP 端接单次脉冲，输出端 Q 和 $\overline{Q}$ 分别接发光二极管，根据输出端的状态，填表 2-10。

表 2-10　D 触发器的输出测试结果

输　入				输　出	
$\overline{S}_d$	$\overline{R}_d$	CP	D	Q	$\overline{Q}$
0	1	×	×		
1	0	×	×		
1	1	↑	1		
1	1	↑	0		

(2) 观察 D 触发器的计数状态。

将 D 触发器的 $\overline{R}_d$、$\overline{S}_d$ 端接高电平，$\overline{Q}$ 端与 D 端相连，这时 D 触发器处于计数状态，在 CP 端加入 1 kHz 的连续脉冲，用双踪示波器观察并记录 CP、Q 端的波形，注意 Q 及 CP 端的频率关系和触发器的翻转时间。

3. JK 触发器

(1) 验证 JK 触发器的逻辑功能。

将 JK 触发器 74LS112 的 $\overline{R}_d$、$\overline{Q}$、$\overline{S}_d$、J、K 输入端分别接实验箱的逻辑开关，CP 端接单次脉冲，Q、$\overline{Q}$ 端接发光二极管，观察输出并填表 2-11。

(2) 观察 JK 触发器的计数状态。

将 JK 触发器的 $\overline{R}_d$、$\overline{S}_d$ 和 J、K 输入端都接高电平，这时触发器工作于计数状态，

CP 端加入频率为 1 kHz 的连续脉冲，用双踪示波器观察输出端 CP 和输出端 Q 的波形并记录。观察 Q 与 CP 之间的频率关系、触发器的状态和翻转时间。

表 2-11　JK 触发器的输出测试结果

输　　入					输　　出	
$\overline{S_d}$	$\overline{R_d}$	CP	J	K	Q_{n+1}	$\overline{Q_{n+1}}$
0	1	$\times$	$\times$	$\times$		
1	0	$\times$	$\times$	$\times$		
1	1	$\downarrow$	0	0		
1	1	$\downarrow$	1	0		
1	1	$\downarrow$	0	1		
1	1	$\downarrow$	1	1		
1	1	1	$\times$	$\times$		

4. JK 触发器的应用(选作)

将 JK 触发器转换成 T 触发器并测试其功能。

(1) 分析 JK 触发器、T 触发器各输入变量和输出变量之间的关系，分析两个触发器之间的关系。

JK 触发器的特征方程为

$$Q^{n+1} = J\overline{Q}^n + \overline{K}Q^n$$

T 触发器的特征方程为

$$Q^{n+1} = J\overline{Q}^n + \overline{T}Q^n$$

(2) 将 JK 触发器的 J 和 K 两个输入变量作为一个输入变量就可形成 T 触发器，原理如图 2-13 所示。

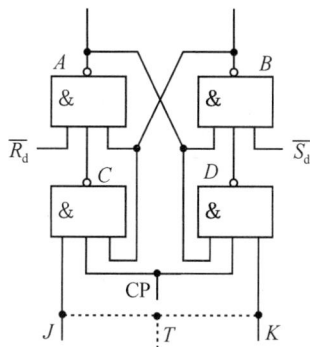

图 2-13　基本 JK 触发器电路

(3) 通过实验列出的真值表来验证所设计的电路是否将 JK 触发器转换成 T 触发器。

材料工具清单

学习领域		电子技能实训					
学习情境六		触发器			学时	0.25 学时	
项目	序号	名称	作用	数量	型号	使用前	使用后
所用设备							
所用仪器仪表							
所用工具							
所用材料							
所用元器件							
班级		第 组	组长签字			教师签字	

计 划 实 施 单

学习领域	电子技能实训		
学习情境六	触发器	学时	0.75 学时
实施方式	小组合作；动手实践		
序号	实 施 步 骤		使用资源
1			
2			
3			
4			
5			
6			
7			
8			
9			
10			
11			
12			

实施说明：

班级		第 组	组长签字	
教师签字			日期	

评　价　单

学习领域		电子技能实训			
学习情境六		触发器	学时	0.25 学时	
评价类别	项　目	子　项　目	个人评价	组内互评	教师评价
专业能力 (60%)	资讯(10%)	信息的搜集(5%)			
		引导问题的回答(5%)			
	计划(5%)	计划的可执行度(3%)			
		材料工具的安排(2%)			
	实施(20%)	安装、接线操作的规范性(7%)			
		功能的实现(7%)			
		"6S"质量管理(2%)			
		安全用电(2%)			
		创意和拓展性(2%)			
	检查(10%)	全面性、准确性(5%)			
		故障的排除(5%)			
	过程(5%)	使用工具的规范性(2%)			
		操作过程的规范性(2%)			
		工具和仪表使用管理(1%)			
	结果(10%)	结果质量(10%)			
社会能力 (20%)	团结协作 (10%)	小组成员合作良好(5%)			
		对小组的贡献(5%)			
	敬业精神 (10%)	学习的纪律性(5%)			
		爱岗敬业、吃苦耐劳精神(5%)			
方法能力 (20%)	计划能力 (10%)				
	决策能力 (10%)				
评价评语	班级		姓名	学号	总评
	教师签字		第　　组	组长签字	日期
	评语：				

实 训 报 告

姓名		学号		系别		班级	
主讲教师		指导教师		日期		专业	
课程名称			实训室名称				

一、实训项目

二、实训目的

三、主要仪器设备

四、实训步骤

小结

教师评语

教师签字：

年　　月　　日

2.7 学习情境七

计数器及其应用

学习情境描述

计数器对输入的时钟脉冲进行计数，来一个 CP 脉冲，计数器状态就变化一次。因为计数器计数的循环长度为 M，所以称之为模 M 计数器(M 进制计数器)。通常计数器按二进制数递增或递减的规律来编码，对应地称之为加法计数器或减法计数器。

计数型触发器就是一位二进制计数器。N 个计数型触发器可以构成同步或异步 N 位二进制加法或减法计数器。当然，计数器状态编码并非必须按二进制数的规律来编码，可以给 M 进制计数器任意地编排 M 个二进制码。

在数字集成产品中，通用的计数器是二进制和十进制计数器。根据计数的长度、有效时钟、控制信号、置位和复位信号的不同，计数器有不同的型号。

小资料

在进行任意进制计数器的设计时，要理解"万变不离其宗，以不变应万变"的设计方法。电子技术的发展日新月异，在课堂上实时掌握最新技术是不现实的，希望大家学好基本知识、基本理论、基本技能，掌握认识自然的基本规律，利用自然规律进行创新改造，提高自主创新能力，这也是一个创新创业的启发点。

任　务　单

学习领域	电子技能实训		
学习情境七	计数器及其应用	学时	0.25 学时
学习目标	(1) 熟悉中规模集成电路计数器的功能及应用。 (2) 掌握利用中规模集成电路计数器构成任意进制计数器的方法。 (3) 学会综合测试的方法。		
任务描述	本学习情境实现用中规模集成电路计数器构成计数器，体会利用两种不同的方法获得 M 进制计数器的区别。		
对学生的 要求	(1) 根据指定的任务和要求设计电路，画出逻辑图及理论分析的工作波形，以便与实验比较。 　　(2) 用 Multisim 软件对实验进行仿真并分析实验是否成功。 　　(3) 工作细心，具备节约资源、团队合作的意识。 　　(4) 严格遵守课堂纪律和工作纪律，不迟到，不早退，不旷课。 　　(5) 本情境工作任务完成后，需提交实训报告。		

资 讯 单

学习领域	电子技能实训		
学习情境七	计数器及其应用	学时	0.25 学时
资讯方式	在资料角、图书馆、专业杂志、互联网上查找问题；咨询任课教师		
资讯问题	(1) 同步计数器与异步计数器有何不同？		
	(2) 用两片 74LS161 及门电路怎样连接可组成 $M = 256$ 的异步计数器？		
资讯引导			

信　息　单

学习领域	电子技能实训		
学习情境七	计数器及其应用	学时	0.25 学时
序号	信息内容		

74LS161 是集成 TTL 四位二进制加法计数器，其符号和管脚分布如图 2-14 所示。

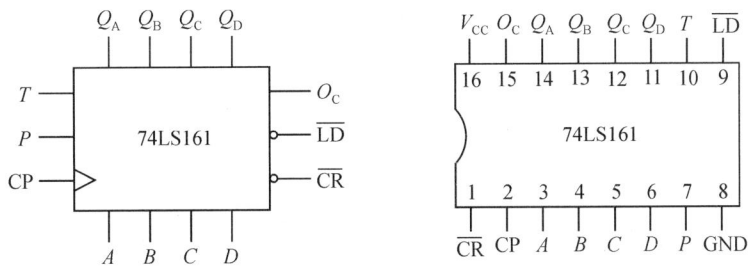

图 2-14　74LS161 芯片符号和管脚分布图

74LS161 的功能表如表 2-12 所示。

表 2-12　74LS161 的功能表

$\overline{CR}$	$\overline{LD}$	P	T	CP	$A\ B\ C\ D$	Q_A	Q_B	Q_C	Q_D
0	×	×	×	×	××××	0	0	0	0
1	0	×	×	↑	$A\ B\ C\ D$	A	B	C	D
1	1	0	×	×	××××	保持			
1	1	×	0	×	××××	保持			
1	1	1	1	↑	××××	计数			

从表 2-12 中可以知道，74LS161 在 $\overline{CR}$ 为低电平时实现异步复位(清零)功能，即复位不需要时钟信号。在复位端为高电平的条件下，预置端 $\overline{LD}$ 为低电平时实现同步预置功能，即需要有效时钟信号才能使输出状态 Q_A、Q_B、Q_C、Q_D 等于并行输入预置数 A、B、C、D。在复位和预置端都为无效电平时，两计数使能端输入使能信号 $T \cdot P = 1$，74LS161 实现模 16 的加法计数功能，$Q_A^{n+1}Q_B^{n+1}Q_C^{n+1}Q_D^{n+1} = Q_A^n Q_B^n Q_C^n Q_D^n + 1$；两计数使能端输入禁止信号，$T \cdot P = 0$，集成计数器实现状态保持功能，$Q_A^{n+1}Q_B^{n+1}Q_C^{n+1}Q_D^{n+1} = Q_A^n Q_B^n Q_C^n Q_D^n$。在 $Q_A^n Q_B^n Q_C^n Q_D^n = 1111$ 时，进位输出端 $O_C = 1$。

在数字集成电路中有许多型号的计数器产品，可以用这些数字集成电路来实现所需要的计数功能和时序逻辑功能。在设计时序逻辑电路时有两种方法：一种为反馈清零法，另一种为反馈置数法。

1. 反馈清零法

反馈清零法是利用反馈电路产生一个给集成计数器的复位信号，使计数器各输出端为零(清零)。反馈电路一般是组合逻辑电路，计数器的输出部分或全部作为其输入，在计数器一定的输出状态下即时产生复位信号，使计数电路同步或异步地复位。反馈清零法的逻辑框图见图 2-15。

2. 反馈置数法

反馈置数法是将反馈逻辑电路产生的信号送到计数电路的置位端，当满足条件时，计数电路的输出状态为给定的二进制码。反馈置数法的逻辑框图如图 2-16 所示。

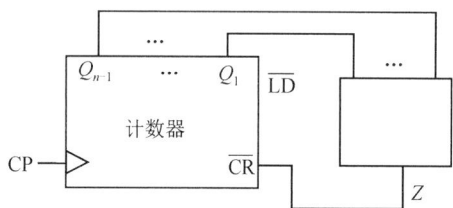

图 2-15　反馈清零法框图　　　　图 2-16　反馈置数法框图

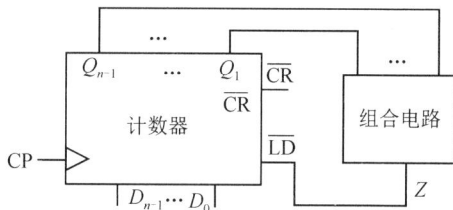

在时序电路的设计中，以上两种方法有时可以并用。

(1) 用 74LS161 四位二进制同步加法计数器组成一个同步十二进制计数器，CP 端送入单次脉冲，输出端 Q 依次与发光二极管相连，在送入脉冲的同时观察二极管的亮灭并记录分析其计数状态(利用反馈清零法设计)。

分析提示：74LS161 从 $Q_3Q_2Q_1Q_0 = 0000$ 开始计数，经 $M-1$(M 为模，本例为 12)个时钟脉冲时对应的二进制数最大，下一个 CP 后计数器应复位，开始新一轮模 M 计数。因为是异步清零，所以复位信号不应在 $M-1$ 个 CP 时产生，而应在 M 个 CP 时产生。因此，复位信号在 $Q_3Q_2Q_1Q_0 = 1100$ 时，使计数器复位，$Q_3Q_2Q_1Q_0 = 0000$，状态从 1100→0000 是异步变化的，不受时钟 CP 的控制，状态 1100 持续的时间很短暂，仅几级门的传输延迟而已。由状态 1100 产生低电平复位信号可用与非门实现。

① 画出电路连接图。

② 画出状态转移图。

③ 按照电路图连线，通过发光二极管观察所设计电路的计数状态是否为十二进制。

(2) 用 74LS161 组成十进制计数器，CP 端送入 100 kHz 的脉冲，用示波器双踪观察并记录时序波形图(利用反馈置数法设计)。

分析提示：反馈置数法是通过反馈产生置数信号 $\overline{\text{LD}}$，将预置数 ABCD 预置到输出端。74LS161 是同步置数的，需 CP 和 $\overline{\text{LD}}$ 都有效才能置数，因此 $\overline{\text{LD}}$ 应先于 CP 出现。所以 $M-1$ 个 CP 后就应产生有效的 $\overline{\text{LD}}$ 信号。若用四位二进制数前十个数作为计数状态，预置数 $Q_AQ_BQ_CQ_D = 0000$，则在 $Q_AQ_BQ_CQ_D = 1001$ 时预置端应变为低电平。

① 画出用 74LS161 设计的十进制计数器的电路连接图。

② 画出状态转移图。

③ 按照电路图连线，并通过示波器观察所设计电路的输出波形。

材料工具清单

学习领域	电子技能实训						
学习情境七	计数器及其应用				学时	0.25 学时	
项目	序号	名称	作用	数量	型号	使用前	使用后
所用设备							
所用仪器仪表							
所用工具							
所用材料							
所用元器件							
班级	第　组	组长签字			教师签字		

计 划 实 施 单

学习领域	电子技能实训		
学习情境七	计数器及其应用	学时	0.75 学时
实施方式	小组合作；动手实践		
序号	实 施 步 骤		使用资源
1			
2			
3			
4			
5			
6			
7			
8			
9			
10			
11			
12			

实施说明：

班级		第　　组	组长签字	
教师签字			日期	

评 价 单

学习领域		电子技能实训			
学习情境七		计数器及其应用	学时		0.25 学时
评价类别	项　目	子　项　目	个人评价	组内互评	教师评价
专业能力 (60%)	资讯(10%)	信息的搜集(5%)			
		引导问题的回答(5%)			
	计划(5%)	计划的可执行度(3%)			
		材料工具的安排(2%)			
	实施(20%)	安装、接线操作的规范性(7%)			
		功能的实现(7%)			
		"6S"质量管理(2%)			
		安全用电(2%)			
		创意和拓展性(2%)			
	检查(10%)	全面性、准确性(5%)			
		故障的排除(5%)			
	过程(5%)	使用工具的规范性(2%)			
		操作过程的规范性(2%)			
		工具和仪表使用管理(1%)			
	结果(10%)	结果质量(10%)			
社会能力 (20%)	团结协作 (10%)	小组成员合作良好(5%)			
		对小组的贡献(5%)			
	敬业精神 (10%)	学习的纪律性(5%)			
		爱岗敬业、吃苦耐劳精神(5%)			
方法能力 (20%)	计划能力 (10%)				
	决策能力 (10%)				
评价评语	班级		姓名		学号		总评	
	教师签字		第　　组	组长签字		日期	
	评语：				

实 训 报 告

姓名		学号		系别		班级	
主讲教师		指导教师		日期		专业	
课程名称				实训室名称			

一、实训项目

二、实训目的

三、主要仪器设备

四、实训步骤

小结

教师评语

教师签字:
年   月   日

2.8 学习情境八

移位寄存器的功能测试及应用

学习情境描述

移位寄存器是一个具有移位功能的寄存器，存在其中的代码能够在移位脉冲的作用下依次左移或右移。既能左移又能右移的称为双向移位寄存器，只需要改变左、右移的控制信号便可实现双向移位要求。根据移位寄存器存取信息的方式不同分为：串入串出、串入并出、并入串出、并入并出四种形式。

小资料

重视事物发展规律，夯实理论基础，有效地将理论知识运用于实际生活中，同时进行不断地改造与创新；了解事物的发展规律，利用规律进行改造和创新，一定会事半功倍，提高学习与工作效率，从而提升自主创新能力。

华为公司的愿景和使命，即"把数字世界带入每个人、每个家庭，每个组织，构建万物互联的智能世界"。在 2021 中国联通合作伙伴大会上，华为公司轮值董事长胡厚崑现场发表了题为"联接智能世界，赋能数字经济"的主题演讲。他表示，在当前中国数字经济大提速的背景下，网络联接作为数字基础设施的底座，是数字经济发展与创新的基础。胡厚崑强调，华为积极思考和行动，希望通过打造更快、更广、更智能、更安全及更绿色的联接，助力实现"大联接"的业务战略，为数字经济创新持续注入动力。根据华为全球产业展望报告预测，到 2030 年，全球联接总量将突破 2000 亿，从生活场景到生产活动，从地面到空中，联接的对象和场景不断扩展，这将对带宽、时延、空间三个方面提出更高的要求。面对变化，唯有持续不断地在理论、技术和工程方面开展创新，才能打造无处不在、超低时延、超大带宽的立体联接。

任　务　单

学习领域	电子技能实训		
学习情境八	移位寄存器的功能测试及应用	学时	0.25 学时
学习目标	(1) 掌握中规模 4 位双向寄存器的逻辑功能及使用方法。 (2) 熟悉移位寄存器的应用，实现数据的串行、并行转换和构成环形计数器		
任务描述	本学习情境测试 74LS194 的逻辑功能用并行送数法预置寄存器为某二进制数码(如 0100)，然后进行右移循环，观察寄存器输出端状态的变化。		
对学生的 要求	(1) 复习有关寄存器的内容。 (2) 熟悉 74LS194 的逻辑功能及引脚排列。 (3) 用 Multisim 软件对实验进行仿真并分析实验是否成功。 (4) 工作细心，具备节约资源、团队合作的意识。 (5) 严格遵守课堂纪律和工作纪律，不迟到，不早退，不旷课。 (6) 本情境工作任务完成后，需提交实训报告。		

资　讯　单

学习领域	电子技能实训		
学习情境八	移位寄存器的功能测试及应用	学时	0.25 学时
资讯方式	在资料角、图书馆、专业杂志、互联网上查找问题；咨询任课教师		
资讯问题	(1) 使寄存器清零，除采用 $\overline{CR}$ 输入低电平外，可否采用右移或左移的方法？可否使用并行送数法？若可行，应如何进行操作？ (2) 环形计数器的最大优点和最大缺点分别是什么？ 		
资讯引导			

信 息 单

学习领域	电子技能实训		
学习情境八	移位寄存器的功能测试及应用	学时	0.25 学时
序号	信息内容		

本实验选用的 4 位双向通用移位寄存器，型号为 CC40194 或 74LS194，两者的功能相同，可互换使用，其逻辑符号及引脚图如图 2-17 所示。

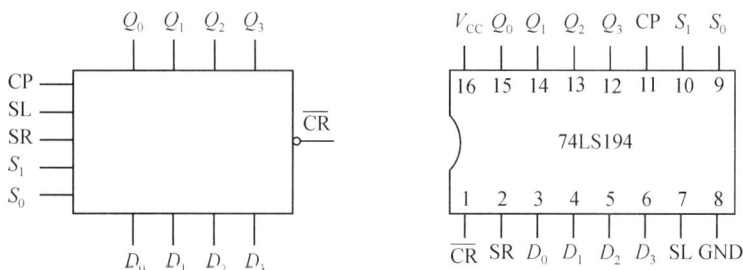

图 2-17　74LS194 的逻辑符号图及引脚功能图

图 2-17 中，D_0、D_1、D_2、D_3 为并行输入端，Q_0、Q_1、Q_2、Q_3 为并行输出端，SR 为右移串行输入端，SL 为左移串行输入端，S_0、S_1 为操作模式控制端，$\overline{CR}$ 为直接无条件清零端，CP 为时钟脉冲输入端。

74LS194 有 5 种不同的操作模式：并行送数寄存、右移(方向由 $Q_0 \to Q_3$)、左移(方向由 $Q_3 \to Q_0$)、保持及清零。

S_1、S_0 和 $\overline{CR}$ 端的控制作用如表 2-13 所示。

表 2-13　74LS194 逻辑功能表

功能	输 入										输 出			
	CP	$\overline{CR}$	S_1	S_0	SR	SL	D_0	D_1	D_2	D_3	Q_0	Q_1	Q_2	Q_3
清零	×	0	×	×	×	×	×	×	×	×	0	0	0	0
送数	↑	1	1	1	×	×	a	b	c	d	a	b	c	d
右移	↑	1	0	1	D_{SR}	×	×	×	×	×	D_{SR}	Q_0	Q_1	Q_2
左移	↑	1	1	0	×	D_{SL}	×	×	×	×	Q_1	Q_2	Q_3	D_{SL}
保持	↑	1	0	0	×	×	×	×	×	×	Q^n_0	Q_1^n	Q_2^n	Q_3^n
保持	↓	1	×	×	×	×	×	×	×	×	Q_0^n	Q_1^n	Q_2^n	Q_3^n

移位寄存器应用很广，可构成移位寄存器型计数器、顺序脉冲发生器、串行累加器，可用于数据转换，即把串行数据转换为并行数据，或把并行数据转换为串行数据等。本实验研究的移位寄存器用作环形计数和数据的串、并行转换。

(1) 环形计数：把移位寄存器的输出反馈到它的串行输入端，就可以进行循环移位。

(2) 数据的串、并行转换。

① 串行/并行转换器：用于串行输入的数码，经转换电路之后变换成并行输出。

② 并行/串行转换器：用于并行输入的数码经转换电路之后，换成串行输出。

1. 测试 74LS194 的逻辑功能

按图 2-17 接线，$\overline{CR}$、S_1、S_0、SL、SR、D_0、D_1、D_2、D_3 分别接至逻辑开关，Q_0、Q_1、Q_2、Q_3 接至发光二极管，CP 端接单次脉冲源，按表 2-14 所规定的输入状态，逐项进行测试并完成表格填写。

表 2-14　74LS194 逻辑功能的测试结果

清除	模	式	时钟	串	行	输		入		输		出		功能总结
$\overline{CR}$	S_1	S_0	CP	SR	SL	D_0	D_1	D_2	D_3	Q_0	Q_1	Q_2	Q_3	
0	×	×	×	×	×	×	×	×	×					
1	1	1	↑	×	×	a	b	c	d					
1	0	1	↑	0	×	×	×	×	×					
1	0	1	↑	1	×	×	×	×	×					
1	0	1	↑	0	×	×	×	×	×					
1	0	1	↑	0	×	×	×	×	×					
1	1	0	↑	×	1	×	×	×	×					
1	1	0	↑	×	1	×	×	×	×					
1	1	0	↑	×	1	×	×	×	×					
1	1	0	↑	×	1	×	×	×	×					
1	0	0	↑	×	×	×	×	×	×					

74LS194 的逻辑功能的测试如下：

(1) 清除：令 $\overline{CR} = 0$，其他输入均为任意态，这时寄存器输出 Q_0、Q_1、Q_2、Q_3 应均为 0。清除后，至 $\overline{CR} = 1$。

(2) 送数：令 $\overline{CR} = S_1 = S_0 = 1$，送入任意 4 位二进制数，如 D_0、D_1、D_2、D_3 = abcd，加 CP 脉冲，观察 CP = 0，CP 由 1→0 两种情况下寄存器输出状态的变化，观察寄存器输出状态变化是否发生在 CP 脉冲的上升沿。

(3) 右移：清零后，令 $\overline{CR}=1$，$S_1=0$　$S_0=1$，由右移输入端 SR 送入二进制数码如 0100，由 CP 端连续加 4 个脉冲，观察输出情况，并记录之。

(4) 左移：先清零或预置，再令 $\overline{CR}=1$　$S_1=1$，$S_0=0$，由左移输入端 SL 送入二进制数码如 1111，连续加四个 CP 脉冲，观察输出端情况，并记录之。

(5) 保持：寄存器预置任意 4 位二进制数码 abcd，令 $\overline{CR}=1$，$S_1=S_0=0$，加 CP 脉冲，观察寄存器输出状态，并记录之。

2. 环形计数器

自拟实验步骤，用并行送数法预置寄存器为某二进制数码(如 0100)，然后进行右移循环，观察寄存器输出端状态的变化，并记入表 2-15 中。

表 2-15　寄存器的输出测试结果

CP	Q_0	Q_1	Q_2	Q_3
0	0	1	0	0
1				
2				
3				
1				

材料工具清单

学习领域		电子技能实训					
学习情境八		移位寄存器的功能测试及应用			学时		0.25 学时
项目	序号	名称	作用	数量	型号	使用前	使用后
所用设备							
所用仪器仪表							
所用工具							
所用材料							
所用元器件							
班级		第　　组	组长签字			教师签字	

计 划 实 施 单

学习领域	电子技能实训		
学习情境八	移位寄存器的功能测试及应用	学时	1.75 学时
实施方式	小组合作；动手实践		
序号	实 施 步 骤		使用资源
1			
2			
3			
4			
5			
6			
7			
8			
9			
10			
11			
12			

实施说明：

班级		第 组	组长签字	
教师签字			日期	

评　价　单

学习领域		电子技能实训			
学习情境八		移位寄存器的功能测试及应用	学时	0.25 学时	
评价类别	项　目	子　项　目	个人评价	组内互评	教师评价
专业能力 (60%)	资讯(10%)	信息的搜集(5%)			
		引导问题的回答(5%)			
	计划(5%)	计划的可执行度(3%)			
		材料工具的安排(2%)			
	实施(20%)	安装、接线操作的规范性(7%)			
		功能的实现(7%)			
		"6S"质量管理(2%)			
		安全用电(2%)			
		创意和拓展性(2%)			
	检查(10%)	全面性、准确性(5%)			
		故障的排除(5%)			
	过程(5%)	使用工具的规范性(2%)			
		操作过程的规范性(2%)			
		工具和仪表使用管理(1%)			
	结果(10%)	结果质量(10%)			
社会能力 (20%)	团结协作 (10%)	小组成员合作良好(5%)			
		对小组的贡献(5%)			
	敬业精神 (10%)	学习的纪律性(5%)			
		爱岗敬业、吃苦耐劳精神(5%)			
方法能力 (20%)	计划能力 (10%)				
	决策能力 (10%)				
评价评语	班级		姓名	学号	总评
	教师签字		第　　组	组长签字	日期
	评语:				

实 训 报 告

姓名		学号		系别		班级	
主讲教师		指导教师		日期		专业	
课程名称				实训室名称			

一、实训项目

二、实训目的

三、主要仪器设备

四、实训步骤

小结

教师评语

教师签字:

年　　月　　日

2.9 学习情境九

脉冲的产生与整形电路

学习情境描述

    555 定时器是一种模拟功能与逻辑功能相结合的多用途单片集成电路，它可以产生时间迟延和多种脉冲信号，电路功能灵活、负载能力强、适用范围广，只要在外部配上几个适当的阻容元件，就可构成单稳态触发器、多谐振荡器和施密特触发器等脉冲产生与整形电路，在工业自动控制、定时、测量及家用电器等方面有着广泛的应用。

小资料

    从 1972 年美国 Signetics 公司研制诞生到现在，555 销量过百亿，可以说是历史上最成功的芯片，从民用扩展到火箭、导弹、卫星、航天等高科技领域，其用途遍及电子行业的各个领域，全世界各大半导体公司竞相仿制、生产，在四十多年的时间里，全球的电子设计者前赴后继，用 555 实现了一个又一个应用电路。

    芯片虽小，却是各行各业实现信息化、智能化的基础，是全球高科技国力较量的焦点，是名副其实的大国重器。中国每年制造数以亿计的电子产品，但长期以来却被指甲盖大小的芯片扼住咽喉。据统计，中国每年进口芯片的费用甚至超过石油。华为事件凸显了在日趋复杂的国际环境下，科技博弈已是明显趋势，虽然我国在信息科技领域奋力追赶，但一些尖端技术仍面临着受制于人的局面，大学生理应用责任和担当书写青春，勤学奋斗，增长才干，努力练好人生和事业的基本功，肩负时代责任，高扬理想风帆。

任　务　单

学习领域	电子技能实训		
学习情境九	脉冲的产生与整形电路	学时	0.25 学时
学习目标	(1) 了解 555 定时器的结构和工作原理。 (2) 掌握用 555 定时器组成的常用脉冲单元。 (3) 学习用示波器测量脉冲参数。 (4) 了解 555 定时器的典型应用。		
任务描述	本学习情境熟悉 555 定时器的功能，用 555 定时器构成施密特触发器。		
对学生的 要求	(1) 了解 555 定时器的外引线排列和功能。 (2) 复习 555 定时器的电路结构、工作原理和功能，用 555 定时器构成施密特触发器的电路结构、工作原理和工作波形。 (3) 熟悉所用集成电路的引线位置及各引线的用途。 (4) 用 Multisim 软件对实验进行仿真并分析实验是否成功。 (5) 工作细心，具备节约资源、团队合作的意识。 (6) 严格遵守课堂纪律和工作纪律，不迟到，不早退，不旷课。 (7) 本情境工作任务完成后，需提交实训报告。		

资　讯　单

学习领域	电子技能实训		
学习情境九	脉冲的产生与整形电路	学时	0.25 学时
资讯方式	在资料角、图书馆、专业杂志、互联网上查找问题；咨询任课教师		
资讯问题	用 555 定时器构成单稳态触发器，输出脉冲宽度 t_w 大于输入触发信号的周期，将会出现什么现象？		
资讯引导			

信 息 单

学习领域	电子技能实训		
学习情境九	脉冲的产生与整形电路	学时	0.5 学时
序号	信息内容		

1. 555 定时器的引脚功能图

555 定时器的引脚如图 2-18 所示。

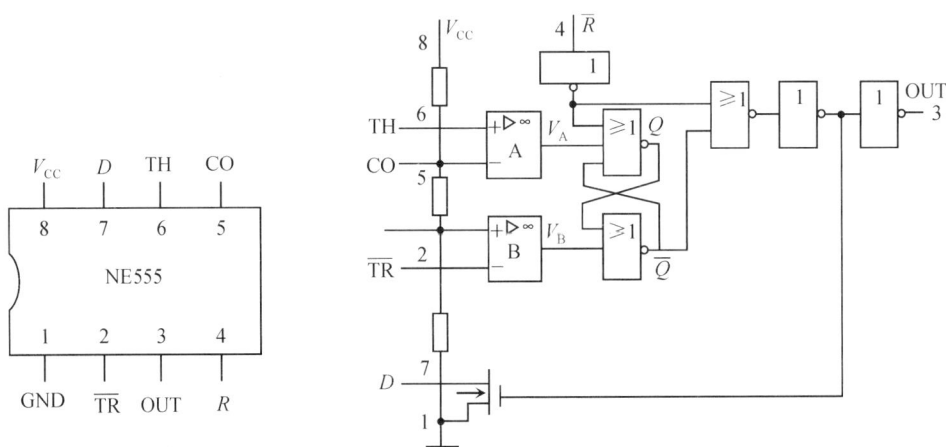

图 2-18　555 定时器的引脚功能图

2. 555 定时器的工作原理

555 定时器是一种数字与模拟混合型的中规模集成电路，它应用广泛，外加电阻、电容等元件可以构成多谐振荡器、单稳电路、施密特触发器等。555 定时器原理图及引线排列如图 2-18 所示，其功能见表 2-16。定时器由比较器、分压电路、RS 触发器及放电三极管等组成。分压电路由三个 5 kΩ 的电阻构成，分别给 AB 和 AB 提供参考电平 $2V_{CC}/3$ 和 $V_{CC}/3$。AB 和 AB 的输出端控制 RS 触发器状态和放电管开关状态。当输入信号自 6 脚输入大于 $2V_{CC}/3$ 时，触发器复位，3 脚输出为低电平，放电管 T 导通；当输入信号自 2 脚输入并低于 $V_{CC}/3$ 时，触发器置位，3 脚输出高电平，放电管截止。

4 脚是复位端，当 4 脚接入低电平时，则 $V_o = 0$；正常工作时 4 脚接高电平。

5 脚为控制端，平时输入 $2V_{CC}/3$ 作为比较器的参考电平，当 5 脚外接一个输入电压，即改变了比较器的参考电平，从而实现对输出的另一种控制。如果不在 5 脚外加电压通常接 0.01 μF 电容到地，能够起到滤波的作用，可以消除外来的干扰，以确保参考电平的稳定。

表 2-16 555 定时器的功能表

输 入			输 出	
阈值输入⑥	触发输入②	复位④	输出③	放电管 T⑦
×	×	0	0	导通
$< 2V_{CC}/3$	$< V_{CC}/3$	1	1	截至
$> 2V_{CC}/3$	$> V_{CC}/3$	1	0	导通
$< 2V_{CC}/3$	$> V_{CC}/3$	1	不变	不变

3. 施密特电路

(1) 电路结构：将 TH(6 脚)和 TR(2 脚)相连作为信号的输入端即可构成施密特触发器，如图 2-19 所示。

(2) 工作原理：

① 当 V_i 由 0 上升至 $\leq V_{CC}/3$ 时，$V_A = 1$，$V_B = 0$，触发器低电平置位，$Q = V_0 = 1$。

② 当 V_i 上升，在 $V_{CC}/3$ 至 $2V_{CC}/3$ 之间，$V_A = 1$，$V_B = 1$，触发器保持，$Q = V_o = 1$。

③ 当 $V_i \geq 2V_{CC}/3$ 时，$V_A = 1$，$V_B = 0$，触发器低电平复位，$Q = V_o = 0$。

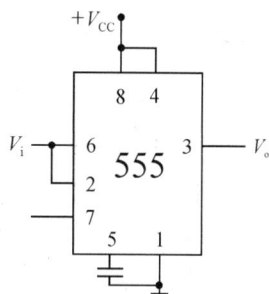

图 2-19 555 构成施密特触发器

④ 当 V_i 由 V_{CC} 下降至 $\leq V_{CC}/3$ 时，$V_A = 1$，$V_B = 0$，触发器低电平置位，$Q = V_o = 1$。

若输入电压的波形是个三角波，在输入端外接三角波 V_i，当 V_i 上升到 $2V_{CC}/3$ 时，输出 V_o 从高电平翻转为低电平；当 V_i 下降到 $V_{CC}/3$ 时，输出 V_o 从低电平翻转为高电平。施密特触发器将输入的三角波整形为矩形波输出。电路的工作波形如图 2-20 所示。

回差电压：$\Delta V = \dfrac{2}{3} V_{CC} - \dfrac{1}{3} V_{CC} = \dfrac{1}{3} V_{CC}$。

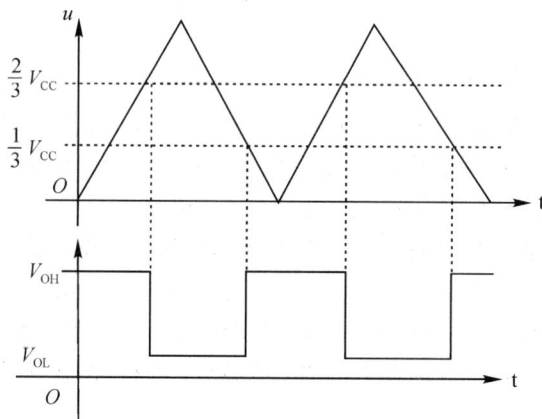

图 2-20 施密特触发器的波形图

4. 单稳态电路

单稳态电路的组成和波形如图 2-21 所示。当电源接通后，V_{CC} 通过电阻 R 向电容 C 充电，待电容上电压 V_C 上升到 $2V_{CC}/3$ 时，RS 触发器置 0，即输出 V_o 为低电平，同时电容 C 通过三极管 T 放电。当触发端 2 的外接输入信号电压 $V_i < V_{CC}/3$ 时，RS 触发器置 1，即输出 V_o 为高电平，同时，三极管 T 截止，电源 V_{CC} 再次通过 R 向 C 充电，输出电压维持高电平的时间取决于 RC 的充电时间，当 $t = t_w$ 时，电容上的充电电压为

$$v_C = V_{CC}\left(1 - e^{-\frac{t_w}{RC}}\right) = \frac{2}{3}V_{CC}$$

所以输出电压的脉宽

$$t_w = RC\ln 3 \approx 1.1RC$$

一般 R 取 1 kΩ～10 MΩ，$C > 1000$ pF。

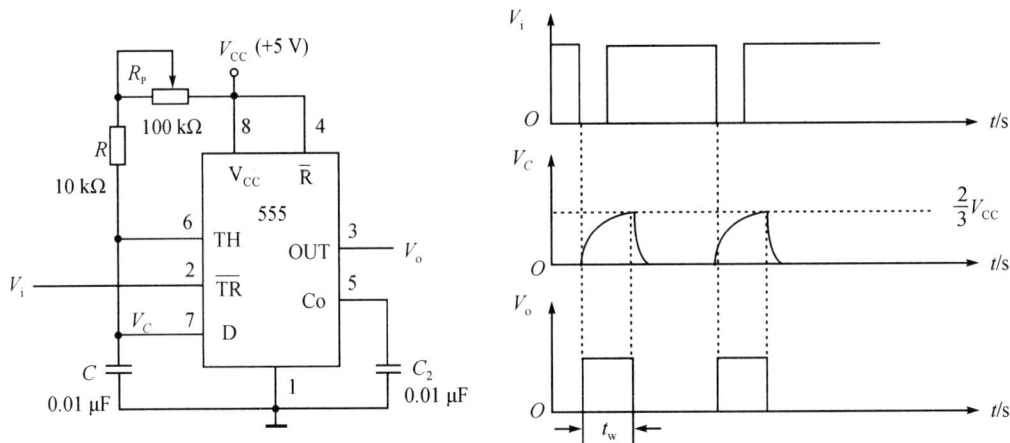

图 2-21　单稳态电路的电路图和波形图

值得注意的是：t 的重复周期必须大于 t_w，才能保证放一个正倒置脉冲起作用。由上式可知，单稳态电路的暂态时间与 V_{CC} 无关。因此，用 555 定时器组成的单稳电路可以作为精密定时器。

5. 555 定时器构成的施密特触发器

(1) 将 555 定时器接成图 2-19 所示电路，在其 2 管脚上加输入信号 V_i(V_i 为 0～5 V 变化、$f = 1$ kHz 的三角波)，用示波器同时观察并记录 V_i(2 管脚)、V_o(3 管脚)的波形。

(2) 按图 2-21 所示用 555 集成定时器构成单稳态电路。

当 $C = 0.01$ μF 时，选择合理输入信号 V_i 的频率和脉宽，调节 R_P 以保证 $T > t_w$，使每一个正倒置脉冲起作用。加输入信号后，用示波器观察 V_i、V_C 以及 V_o 的电压波形，比较它们的时序关系，绘出波形，并在图中标出波形的周期、幅值、脉宽等。

(3) 整理实验数据，画出实验内容中所要求的波形，并按时间坐标标出对应波形的周期、脉宽和幅值等。

① 按实验各个步骤的要求整理相关的实验数据。

② 记录实验的原始数据并附在实验报告的后面。

③ 总结 555 时基电路组成的典型电路及其使用方法。

材料工具清单

学习领域		电子技能实训					
学习情境九		脉冲的产生与整形电路			学时		0.25 学时
项目	序号	名称	作用	数量	型号	使用前	使用后
所用设备							
所用仪器仪表							
所用工具							
所用材料							
所用元器件							
班级		第　　组	组长签字			教师签字	

计 划 实 施 单

学习领域	电子技能实训		
学习情境九	脉冲的产生与整形电路	学时	1.5 学时
实施方式	小组合作；动手实践		
序号	实 施 步 骤		使用资源
1			
2			
3			
4			
5			
6			
7			
8			
9			
10			
11			
12			

实施说明：

班级		第　组	组长签字	
教师签字			日期	

评　价　单

学习领域		电子技能实训			
学习情境九		脉冲的产生与整形电路	学时	0.25 学时	
评价类别	项　目	子 项 目	个人评价	组内互评	教师评价
专业能力 (60%)	资讯(10%)	信息的搜集(5%)			
		引导问题的回答(5%)			
	计划(5%)	计划的可执行度(3%)			
		材料工具的安排(2%)			
	实施(20%)	安装、接线操作的规范性(7%)			
		功能的实现(7%)			
		"6S"质量管理(2%)			
		安全用电(2%)			
		创意和拓展性(2%)			
	检查(10%)	全面性、准确性(5%)			
		故障的排除(5%)			
	过程(5%)	使用工具的规范性(2%)			
		操作过程的规范性(2%)			
		工具和仪表使用管理(1%)			
	结果(10%)	结果质量(10%)			
社会能力 (20%)	团结协作 (10%)	小组成员合作良好(5%)			
		对小组的贡献(5%)			
	敬业精神 (10%)	学习的纪律性(5%)			
		爱岗敬业、吃苦耐劳精神(5%)			
方法能力 (20%)	计划能力 (10%)				
	决策能力 (10%)				
评价评语	班级		姓名	学号	总评
	教师签字		第　　组	组长签字	日期
	评语：				

实 训 报 告

姓名		学号		系别		班级	
主讲教师		指导教师		日期		专业	
课程名称			实训室名称				

一、实训项目

二、实训目的

三、主要仪器设备

四、实训步骤

小结

教师评语

教师签字：

年　　　月　　　日

03

第三篇　综合实训篇

3.1 学习情境一

直流稳压电源的制作与调试

学习情境描述

当今社会，人们极大地享受着电子设备带来的便利，这些电子设备都有一个共同的电路——电源电路。大到超级计算机，小到袖珍计算器，所有的电子设备都必须在电源电路的支持下才能正常工作，尽管这些电源电路的样式、复杂程度千差万别。可以说，电源电路是一切电子设备的基础，没有电源电路就不会有如此种类繁多的电子设备。

顾名思义，直流稳压电源的输出为稳定的直流电压。因此，直流稳压电源是一种将交流电转换为平滑稳定的直流电的能量变换器。过去，常采用分立元件来构成稳压单元，当性能指标要求较高时，电路结构往往比较复杂，给使用和维修带来许多不便。现在，随着集成电路的发展，集成稳压器的种类越来越多，应用也越来越广泛，在许多场合我们都偏爱以集成稳压器为核心加上一些外围元件来构成稳压单元。用集成稳压器作稳压单元的电源叫作集成稳压电源，它具有体积小、重量轻、安装和调试方便、可靠性高等优点，因此具有良好的发展前景。

小资料

传统的燃油汽车在行驶中会产生大量废气和有害物质，严重地影响空气质量，带来环境污染。而新能源汽车采用电力作为驱动力，不但不会产生尾气和废气，而且没有其他污染物的排放，从源头上使得交通污染的问题得到有效解决。当前，随着电动汽车的普及，直流充电桩越来越普遍。直流充电桩直接将交流变成直流，对电动汽车的电池进行充电。直流电动汽车充电站(俗称就是快充)是一种固定安装在电动汽车外，与交流电网连接，可以为非车载电动汽车的动力电池提供直流电源的供电装置。直流充电桩的输入电压通常采用 380 V 的三相电源，频率为 50 Hz，输出为可调直流电，能够直接为电动汽车的动力电池充电。直流充电桩采用三相四线制供电，可以提供足够的功率，输出的电压和电流调整范围大，可以实现快充。

任 务 单

学习领域	电子技能实训		
学习情境一	直流稳压电源的制作与调试	学时	0.5 学时
学习目标	(1) 了解滤波电路器件的选择。 (2) 掌握稳压电路的工作原理及器件的选择。 (3) 掌握直流稳压电源的设计。 (4) 能够完成直流稳压电源的制作与调试。 (5) 了解直流稳压电源的技术指标与测试方法。 (6) 熟练使用集成稳压器。 (7) 了解常用家用电器的稳压电源电路的设计。 (8) 能够运用各种仪器仪表对直流稳压电源进行调试及故障排除。 (9) 工作细心，爱护工具，培养学生精益求精、团队合作的精神。		
任务描述	1. 直流稳压电源的设计与制作 (1) 根据电路要求，发放相应的材料和器件。 (2) 设计相应的电路。 (3) 进行元件的检测与识别。 (4) 进行电路的焊接。 2. 直流稳压电源的调试 (1) 根据直流稳压电源焊接完成的电路板，进行调试并排除故障。 (2) 根据电路原理，利用仪器仪表检查电路中的信号是否符合要求。 (3) 整个电路调试完成后，由教师检查并通电试验。		
对学生的要求	(1) 能进行直流稳压电源的制作与调试。 (2) 熟练完成直流稳压电源所需元件的检测与识别。 (3) 通过小组成员之间的合作，完成直流稳压电源的制作与调试练习，并对其进行调试。 (4) 会清晰地分析故障，了解正确的故障查找方法。 (5) 工作细心，具备节约资源、团队合作的意识。 (6) 严格遵守课堂纪律和工作纪律，不迟到，不早退，不旷课。 (7) 本情境工作任务完成后，需提交实训报告。		

资　讯　单

学习领域	电子技能实训		
学习情境一	直流稳压电源的制作与调试	学时	0.5 学时
资讯方式	在资料角、图书馆、专业杂志、互联网上查找问题；咨询任课教师		
资讯问题	(1) 固定式三端稳压电源 3 个引脚分别具有什么功能？		
	(2) 集成直流稳压电源的技术指标有哪些？		
	(3) 整流电路的功能是什么？整流电路有哪些？分别有哪些特点？		
	(4) 稳压电路的功能是什么？		
	(5) 滤波电路的功能是什么？常见的滤波电路有哪些？分别有什么特点？		
	(6) 电解电容是一种有极性的电容，电解电容的极性识别方法通常有两种方法，一种为外表观察法，另外一种方法是什么？		
	(7) 某电容器上标注为 4700，则表示容量是多少？		
	(8) 1.2 kΩ 的文字符号表示什么？		
	(9) 102J 的标称阻值为 $10 \times 10^2 = 1 \, k\Omega$，J 表示该电阻的允许误差为多少？		
	(10) 万用表检测判断二极管极性时，选用指针式万用表的什么挡对二极管进行测量，而不用 $R \times 1$ 或 $R \times 10 \, k$ 挡? 因为 $R \times 1$ 挡的电流太大，容易烧坏二极管；$R \times 10 \, k$ 挡的内电源电压太大，易击穿二极管。		
资讯引导	问题(1)、(2)、(3)、(4)、(5)可以在胡宴如编写的《模拟电子技术》第四章中寻找答案。 　问题(6)、(7)、(8)、(9)、(10)可以在冯泽虎编写的《电子产品工艺与制作技术》第一章中寻找答案。		

信息单

学习领域	电子技能实训		
学习情境一	直流稳压电源的制作与调试	学时	2 学时
序号	信息内容		
1	直流稳压电源的结构与原理		

直流稳压电源是各种电子产品中不可缺少的一部分，它的质量直接关系着仪器的质量，因此掌握稳压电源的设计与制作，对以后的实际工作是很有意义的。下面介绍小功率稳压电源的设计方法与制作过程。

由于集成稳压器的出现，稳压电源的设计大为简化。通过对本项目内容的学习与实践，要求学生学会选择变压器、整流二极管(或整流桥)、滤波电容及集成稳压器等器件设计直流稳压电源，掌握稳压电源的主要性能参数及测试方法，熟悉从理论设计到制作出成品的全过程。

不论用分立元件构成稳压器，还是用集成稳压器，一个完整的直流稳压电源分为变压、整流、滤波和稳压四个部分，其框图及对应的特征波形如图 3-1 所示。

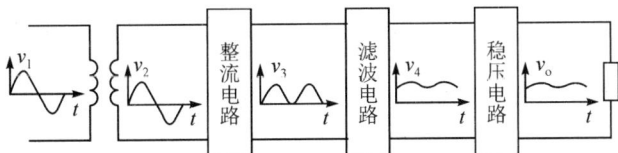

图 3-1 直流稳压电源的结构框图和稳压过程

变压是利用电源变压器将电网 220 V 的交流电压 v_1 变换成整流滤波电路所需要的交流电压 v_2。当用 1∶1 的变比来变压时，通常称为信号隔离。

整流是利用二极管的单向导电作用，构成单相半波、全波、桥式或倍压整流电路，或利用其他半导体器件，如 SCR 可控硅等，将双向的交流电压 v_2 变成单向的脉动直流电压。

滤波是利用电容、电感等储能元件的平波作用构成滤波电路，以滤除纹波，输出较平滑的直流电压 v_4。

稳压电路的作用是提高输出直流电压 v_o 的带负载能力和稳定性，分立元件稳压电路和集成电路常采用串联负反馈式。图 3-2 给出了一种较简单的电路。图中，R_L 是负载电阻，R_1、R_2 是取样电阻，BG1、BG2 组成差分式比较放大器，D 提供差分式比较放大器的基准电压，BG3 是稳压器的调整管。当输出电压 v_o 发生变化时，变化的量由差动放大器与基准电压进行比较，并将变化量送至调整管，此时调整管的 V_{ce3} 作相应的变化，从而使输出电压 v_o 达到稳压效果。

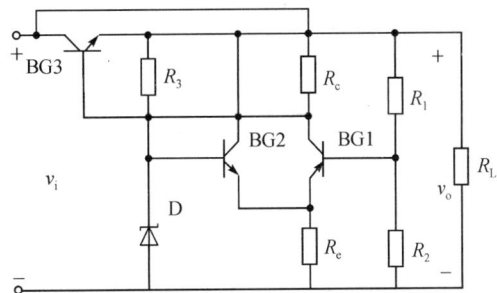

图 3-2 串联负反馈式稳压电路

续表一

2	直流稳压电源的技术指标与测试方法

集成直流稳压电源的技术指标包括直流输出电压(其 V_o 可调范围为 $V_{omin} \sim V_{omax}$)、最大输出电流 I_{omax}、输出端纹波电压 V_w、稳压系数 S_V、输出动态电阻 R_o。

前两个指标是稳压电源的特性指标,它决定了电源的适用范围,同时也决定了稳压器的特性指标及如何选择变压器、整流二极管和滤波电容等,后三个指标为稳压电源的质量指标(含温度系数)。

1. 最大输出电流

最大输出电流是指稳压电源正常工作的情况下能输出的最大电流,用 I_{omax} 表示。一般情况下的工作电流 $I_o < I_{omax}$。稳压电路内部应有保护电路,以防止 $I_o > I_{omax}$ 或者输出端与地短路时损坏稳压器。

2. 直流输出电压

直流输出电压是指稳压电源的输出电压,即稳压器的输出电压,用 V_o 表示。

采用如图 3-3 所示的电路可同时测量 V_o 与 I_{omax}。测试过程是:先调节输出端的负载电阻,使 $R_L = \dfrac{V_o}{I_o}$,交流输入电压为 220 V,此时数字电压表的测量值即为 V_o,再使 R_L 逐渐减小,直到 V_o 的值下降 5%,此时负载 R_L 中的电流即为 I_{omax}(记下 I_{omax} 后迅速增大 R_L,以减小稳压器的功耗)。

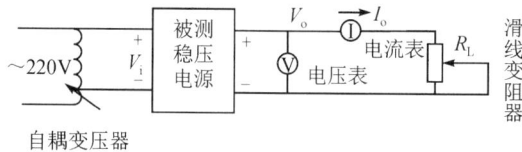

图 3-3　稳压电源性能指标测试电路

3. 纹波电压

纹波电压是指叠加在输出电压 V_o 上的交流分量,可以采用示波器直接观测其峰-峰值。也可用交流毫伏表测量其有效值 V_w。因为 V_w 不是正弦波,所以用有效值衡量纹波电压存在一定的误差。V_w 的大小主要取决于滤波电容、负载电阻及稳压系数等。

4. 稳压系数

稳压系数 S_V 是衡量稳压器稳压效果的最主要的指标,它是指当负载电流 I_o 和环境温度都保持不变时输入电压 V_i 的变化引起的输出电压的相对变化,即

$$S_V = \frac{\Delta V_o}{V_o} \Bigg/ \frac{\Delta V_i}{V_i} \Bigg|_{\substack{I_o=常数 \\ T=常数}}$$

S_V 越小越好。

续表二

S_V 的测量电路仍如图 3-3 所示，其测量过程为：先调节自耦变压器，例如使 $V_i = 242$ V，测量此时对应的输出电压 V_{o1}，再调节自耦变压器，使 $V_i = 198$ V，测量此时对应的输出电压 V_{o2}，然后测出 $V_i = 220$ V 时对应的输出电压 V_o，则稳压系数 S_V 为

$$S_V = \frac{\Delta V_o}{V_o} \bigg/ \frac{\Delta V_i}{V_i} = \frac{V_{o1} - V_{o2}}{V_o} \times \frac{220}{242 - 198}$$

5. 输出动态电阻

输出动态电阻 R_o 是指在环境温度 T、输入电压 V_i 等条件保持不变的条件下，由于负载电流 I_o 的变化引起的 V_o 的变化，即

$$R_o = \frac{\Delta V_o}{\Delta I_o} \bigg|_{\substack{\Delta V_i = 0 \\ \Delta_T = 0}} \left| \frac{V_{o1} - V_{o2}}{I_{o1} - I_{o2}} \right|$$

R_o 越小，V_o 的稳定性越好，它主要是由稳压器的内阻所决定的。

仍用图 3-3 所示电路进行测试，但需注意 R_L 不能取得太小，一定要满足 $I_o = \dfrac{V_o}{R_o} < I_{omax}$，否则会因输出电流过大而损坏稳压器。

3	集成稳压器介绍

常见的集成稳压器有固定式三端稳压器和可调式三端稳压器。

1. 固定式三端稳压器

常见的固定式三端稳压器产品有 CW78、CW79(国产)、LM78、LM79(美国)。78 系列稳压器输出固定的正电压，如 7805 的输出为 +5 V；79 系列稳压器输出固定的负电压，如 7905 的输出为 −5 V；其封装为三个引脚单列直插式(输入端、输出端、公共端)，不需要外接元件，使用起来十分方便。它们的引脚功能及其构成的典型电路如图 3-4 所示。其中，输入端接电容 C_i 可以进一步滤除纹波；输出端接电容 C_o 能消除自激振荡，确保电路稳定工作。C_i、C_o 最好采用漏电流小的钽电容，如果采用电解电容，则电容量要比图中数值增大 10 倍。

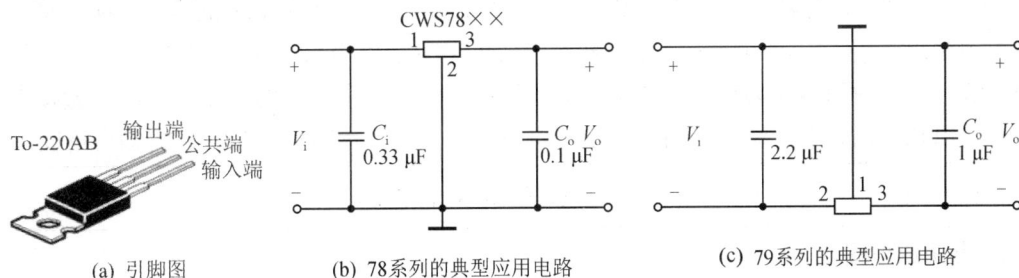

(a) 引脚图　　(b) 78系列的典型应用电路　　(c) 79系列的典型应用电路

图 3-4　固定式三端稳压器的引脚功能及其构成的典型电路

2．可调式三端稳压器

可调式三端稳压器输出连续可调的直流电压，常见产品有 CW317、CW337(国产)、LM317、LM337(美国)。317 系列稳压器输出连续可调的正电压，337 系列稳压器输出连续可调的负电压，可调范围为 1.2～37 V，最大输出电流 I_{omax} 为 1.5 A。稳压器内部含有过热、过流保护电路，具有安全可靠、使用方便、性能优良等特点。CW317 系列与 CW337 系列的引脚其功能相同，图 3-5 是它们的引脚及其构成的典型稳压电路。

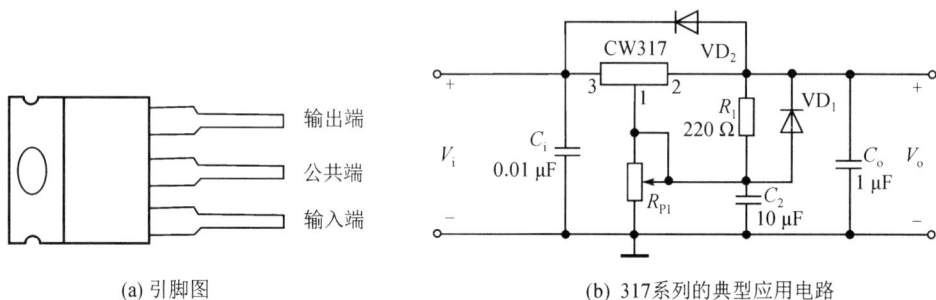

(a) 引脚图　　　　　　　　　(b) 317系列的典型应用电路

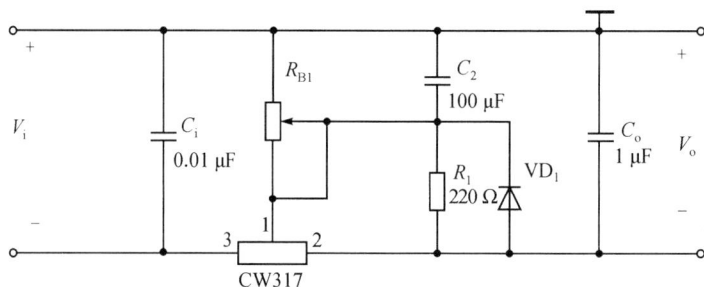

(c) 337系列的典型应用电路

图 3-5　可调式三端稳压器引脚功能及构成的典型电路

图 3-5 中，R_1 与 R_{P1} 组成电压输出调节电路，输出电压 V_o 的表达式为

$$V_o \approx 1.25\left(1 + \frac{R_{P1}}{R_1}\right)$$

式中：$R_1 = 120～240\ \Omega$，流经 R_1 的泄放电流为 5～10 mA；R_{P1} 为精密可调电位器；电容 C_2 与 R_{P1} 并联组成滤波电路，用于减小输出的纹波电压；二极管 VD_1 的作用是防止输出端对地短路时，C_2 上的电压损坏稳压器；二极管 VD_2 的作用与 VD_1 的相同，当 R_{P1} 上的电压低于 7 V 时可省略 VD_2。317 是依靠外接电阻给定输出电压的，所以，R_1 应紧接在稳压输出端和调整端之间，否则当输出端电流大时，将产生附加压降，影响输出精度。

4	直流稳压电源的制作

1．电路原理图

电路原理如图 3-6 所示。为了避免安装调试时可能产生的失误，在集成电路 7805 的输入、输出引脚间并联了一只起保护作用的二极管 VD_6，并增加了输出引脚引线端子。

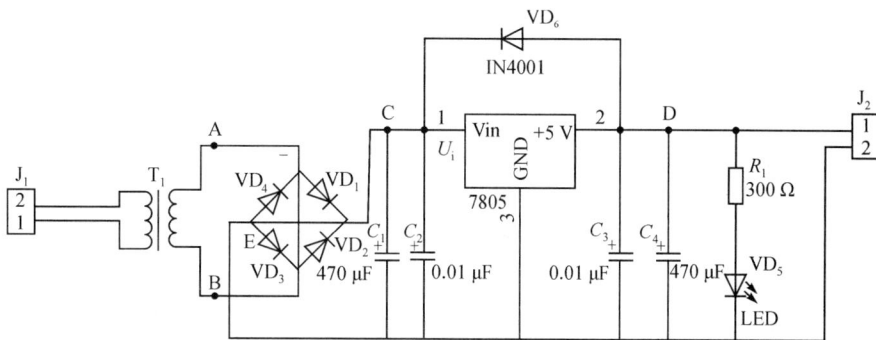

图 3-6 直流稳压电源的原理图

2. 合理布线

印制电路板上元器件的安置与布线是否合理，对电路性能的影响非常大。安置与布线不合理，可能会引起电路中各处的信号相互耦合(电的、磁的、热的)，使电路工作不稳定，轻则噪声明显增大，严重时会引起振荡，使电路不能正常工作，所以一定要重视元器件的安置与布线工作。其一般原则如下：

(1) 根据电原理图中所有元器件的形状与电路板的面积，合理布置元器件的密度，相邻元器件原则上应就近安置，并应注意以下几个问题：

① 发热元器件靠边安置在散热条件好的地方，受热源影响较大、电器性能容易改变的器件尽量远离发热的元器件，如电解电容、二极管等。

② 元器件排列时不要形成头尾相连的环路，不要将不同级的元器件混置在一起，以避免前后级之间产生寄生耦合。

③ 能通过磁场相互耦合的元器件应做好自身屏蔽，并尽可能相互离得远一点，输入变压器与输出变压器之间应互相垂直安置(指铁芯的方向)。

④ 高频电路中的元件其引线要短，电阻器采用卧式安装。

⑤ 体积大、重量大的元器件安放在电路板的下方，各种可调元件安置在电路工作时便于调整的位置，所有元器件的标志一律向外。

⑥ 如果相邻元器件无法就近安置，或需要离得较远，则应利用隔直电容、共射-共基电路、射极输出电路等对前后影响较小的位置进行分割。

(2) 根据元器件安排的位置合理布线。在布线过程中，可适当转动元器件，使元器件引脚的落点便于走线。布线原则如下：

① 元器件位置的设置应有预案。

② 导线之间应有足够的间距，导线要有一定的宽度。一般情况下，建议导线间距等于导线宽度，但不小于 1 mm。同一印制板上的导线宽度(除地线外)最好一样。焊点要留有圆弧形铜箔。一般要求：弧形铜箔的外径为线宽的 1.5～3 倍，为安装孔直径的 2～3 倍。

③ 走线要尽可能短，信号线不要迂回，走线复杂的可使用双面印制板布线。

④ 印制导线不应有急剧的弯曲和尖角，所有弯曲与过渡部分均必须用圆弧连接，其半径不得小于 2 mm。

⑤ 印制导线应尽可能避免有分支，如必须有分支，分支应尽量圆滑。

续表五

⑥ 地线可以迂回，所以地线可后定型。对于地线，在走线过程中，还可以把一些输入线与输出线分隔开来，或把一些输入端、高输入阻抗端等对干扰敏感的区域包围起来，作为屏蔽措施(高阻抗端与地之间的距离可适当增大)。

⑦ 晶体管、运算放大器等的输入端不要与电源线靠得太近，以防测量过程中短路。

⑧ 信号线之间或信号线与电源线之间不要平行布线，输入线与输出线之间要离得远一点，地线安排要适当(见后面的接地问题)。

3. 焊接技术要领

在制作电子仪器时，焊接质量好不好对整机的质量有着非常密切的关系。焊接不良不仅会给调试带来很大的困难，而且会严重影响整机的技术性能与可靠性。虚焊是一种最令人伤脑筋的故障，一定要在焊接时尽可能地避免。

① 焊接面的清洁处理。

焊接前，首先要将焊接面用砂纸或刮刀进行清洁处理，去掉金属氧化层，露出新表面，随后涂上焊剂，立即沾上锡。但引线上已经镀金、镀锌、镀银的，千万不能把镀层刮伤。若引线不清洁，只能用橡皮擦干净，一般也要先沾上锡。凡是预先沾上锡的焊接面，就不易形成虚焊。

对难以沾锡的铁脚，一般都用腐蚀性强的焊油作焊剂。当铁脚沾上锡以后，一定要用溶剂将焊油擦干净。

对难以沾锡的铝焊接面，除用松香作焊剂外，还要加上适当的沙粒(金刚砂或砂纸上的砂)，用烙铁头在焊接面上反复摩擦，一定要在铝焊接面上沾一薄层锡。

② 烙铁温度要适当。

焊接时，一定要等到烙铁头的温度足够高，能够很快将锡熔化时，再开始焊接；否则烙铁头接触焊点时，焊锡不能充分熔化，焊剂作用不能充分发挥，焊点不光洁，不牢固，甚至形成虚焊。

③ 焊接时间要适当。

焊接时间适当是指烙铁头在焊点处停留时间不要过长，也不要过短。当看到焊接处的锡面全部熔化时，即可拿开烙铁头，此时焊锡还没有凝固，焊接件不能抖动。待焊锡凝固后，才可放开所焊元件。如果在焊锡未凝固前就移动所焊元件，焊锡就会凝成砂状或附着不牢而形成虚焊。

在焊接过程中，熔化了的铝锡合金对银有较强的熔解能力，俗称"吃银"现象。焊接时间延长和焊接温度提高都会使银熔量明显增加，使一些镀银表面的附着力减小，甚至把银层破坏掉，所以一般规定焊接镀银引脚的时间不要超过 3 秒钟。对镀金、镀锌的引脚，一般也规定焊接时间不要超过 3 秒钟，时间过长也会损伤元器件，甚至会影响印刷电路板铜箔的附着力。

在焊点铜箔很小、电路板导线宽度很细的密集型电路板的焊接中，应选低熔点的焊锡，并在印制电路板上直接镀上铝锡合金，以缩短焊接时间，降低焊接温度。

④ 焊锡量要适当。

焊锡量过多，会使焊锡堆成一大堆，内部却难以焊透，也难以从外观上判断焊锡与引线是否浸润接触；焊锡量过少，则两个被焊接的金属面结合不牢，防震效果差。一般以将元件引线全部浸没、其轮廓又隐约可见为宜。

⑤ 焊接次序。

先焊小型元件和细导线，后焊中型、大型元件与晶体管、集成电路。有源器件相对来说比较娇贵，后焊可防止因焊接其他元件时不小心将其损坏。

⑥ 焊接的安全问题。

在焊接 MOS 器件时，其栅极的绝缘电阻非常高，栅极如感应上电荷，则这些电荷是很难泄漏出去的，会产生较高的电压而造成击穿，所以烙铁外壳要接地。

在带有 MOS 器件的电路板上焊接少数几个焊点时，为了安全，一般先将烙铁的电源插头拔下，利用烙铁的余热进行焊接。

焊接时要注意人身安全，工作中要防止触电、烫伤，不要任意乱甩焊锡。工作场所布置要整齐，要备有烙铁架，不要将烙铁放在木板或桌面上。

离开工作场所时一定要拔下烙铁的电源插头，切断烙铁的电源。

4. 接地问题

这里将实验电路板布线中的接地问题单独列出来，因为公共地线是所有信号共同使用的通路，如果安排得不好，有可能通过地线将输出信号、感应信号、纹波信号等耦合到前级放大电路中，使电路性能变差，甚至产生寄生振荡，因而如何安排地线有一定的讲究。

(1) 在印制电路板的排线过程中，唯有地线是允许迂回的，所以地线一般很长，往往绕线路板一周，有一定的阻抗，有信号通过公共阻抗耦合的可能性，所以首先要求地线的线条宽一些，以减小它的阻抗。

(2) 地线能起屏蔽作用，可以用它将后级与前级隔离开，以减小前、后级电路之间的电耦合。

(3) 在高频、高输入阻抗、高放大倍数等电路中，印制电路板的表面漏电流足以使各种感应信号耦合到输入电路中，所以在这些地方，印制电路板上焊点与导线周围的空地方应将铜皮保留下来接地，用于屏蔽隔离，以确保电路工作的稳定性，特别是确保实验过程中测量的可靠性。

(4) 在排线过程中，后级的信号不要通过前级的地线，特别是电源滤波电容器的地线要单独走线，不要与信号地线共用。对于放大器中各放大级的接地元件的接地点，在排线过程中应考虑一点接地的原则，如采用加粗地线宽度，用其他地线迂回到最低电位点等措施。高频电路中还应就近接地。

(5) 在数字电路与模拟电路共存的电路中，数字地线与模拟地线要分开使用，脉冲信号线与其他信号线不能平行布线。

材料工具清单

学习领域		电子技能实训					
学习情境一		直流稳压电源的制作与调试			学时		0.5 学时
项目	序号	名称	作用	数量	型号	使用前	使用后
所用设备							
所用仪器仪表							
所用工具							
所用材料							
所用元器件							
班级		第　　组	组长签字			教师签字	

计 划 实 施 单

学习领域	电子技能实训		
学习情境一	直流稳压电源的制作与调试	学时	2 学时
实施方式	小组合作；动手实践		
序号	实 施 步 骤		使用资源
1			
2			
3			
4			
5			
6			
7			
8			
9			
10			
11			
12			

实施说明：

班级		第　　　组	组长签字	
教师签字			日期	

评 价 单

学习领域			电子技能实训		
学习情境一		直流稳压电源的制作与调试	学时	0.5 学时	
评价类别	项　目	子　项　目	个人评价	组内互评	教师评价
专业能力 (60%)	资讯(10%)	信息的搜集(5%)			
		引导问题的回答(5%)			
	计划(5%)	计划的可执行度(3%)			
		材料工具的安排(2%)			
	实施(20%)	安装、接线操作的规范性(7%)			
		功能的实现(7%)			
		"6S"质量管理(2%)			
		安全用电(2%)			
		创意和拓展性(2%)			
	检查(10%)	全面性、准确性(5%)			
		故障的排除(5%)			
	过程(5%)	使用工具的规范性(2%)			
		操作过程的规范性(2%)			
		工具和仪表使用管理(1%)			
	结果(10%)	结果质量(10%)			
社会能力 (20%)	团结协作 (10%)	小组成员合作良好(5%)			
		对小组的贡献(5%)			
	敬业精神 (10%)	学习的纪律性(5%)			
		爱岗敬业、吃苦耐劳精神(5%)			
方法能力 (20%)	计划能力 (10%)				
	决策能力 (10%)				
评价评语	班级		姓名	学号	总评
	教师签字		第　　组	组长签字	日期
	评语：				

实 训 报 告

姓名		学号		系别		班级	
主讲教师		指导教师		日期		专业	
课程名称				实训室名称			

一、实训项目

二、实训目的

三、主要仪器设备

四、实训步骤

小结

教师评语

教师签字：

年　　月　　日

3.2 学习情境二
简易八路抢答器的制作与调试

学习情境描述

在这个竞争激烈的社会中，知识竞赛、评选优胜、选拔人才之类的活动愈加频繁。在竞赛中，多个选手一起参加，采用举手回答问题的方式来进行竞赛已经不再适应社会的需要。在主持人提出问题的时候，如果让选手用举手等方法进行抢答，在某种程度上也会因为主持人的主观误断造成比赛的不公平。早期的抢答器只是由几个三极管、可控硅、发光管等组成，我们能通过发光管的指示辨认出选手的号码。现在大多数智能抢答器都是由单片机或数字集成电路构成的，而且新增了许多功能，如选手号码的显示，抢按前或抢按后的计时，选手得分的显示等。

小资料

刚迈出校门的高凤林，走进了人才济济的火箭发动机焊接车间的氩弧焊组，跟随我国第一代氩弧焊工学习技艺。为了练好基本功，他吃饭时习惯拿筷子比画着焊接送丝的动作，喝水时习惯端着盛满水的缸子练稳定性，休息时举着铁块练耐力，更曾冒着高温观察铁水的流动规律。渐渐地，高凤林日益积攒的能量迸发了出来。

发动机是火箭的"心脏"，任何一个漏点，在火箭升空过程中都有可能引发毁灭性的爆炸。高凤林能做到在 0.01 s 内精准地控制焊枪停留在燃料管道上，而且上万次的操作都准确无误。40 多年来，他一直奋战在航天制造一线，160 多枚长征系列运载火箭，在他焊接的发动机的助推下成功飞向太空，占到总数的一半以上。

在他的职业生涯里，最艰难也是最危险的一次挑战，发生在 2007 年 10 月。当时正逢长征五号火箭国家立项，就在立项前夕，火箭发动机的内壁突发泄漏，排险排故的风险极大，且十米之外就是随时可能被引爆的氢罐。高凤林登上试验台，到达故障点才发现，情况远比自己想象的还要糟。由于发动机压缩口非常小，手臂进去就只能留条缝，熔池是基本上看不到的，几乎是在进行盲焊。在这样极端苛刻的条件下，高凤林只能凭借着经验将漏点补上，经过四五轮的艰难排故，故障点终于被排除。

任 务 单

学习领域	电子技能实训		
学习情境二	简易八路抢答器的制作与调试	学时	0.5 学时
学习目标	(1) 掌握 74LS148 编码器的工作原理。 (2) 掌握 74LS148 编码器的引脚功能。 (3) 了解 74LS148 编码器常见电路的连接。 (4) 掌握 BCD 码七段码译码器 CD4511 的工作原理。 (5) 掌握 CD4511 的引脚功能。 (6) 了解 CD4511 常见电路的连接。 (7) 掌握数码管的结构。 (8) 能够判断数码管的类型。 (9) 能够完成简易八路抢答器的制作与调试。 (10) 能够运用各种仪器仪表对简易八路抢答器进行调试及故障排除。 (11) 熟练掌握常用工具的使用。 (12) 熟练掌握焊接技术，了解焊接工艺。 (13) 了解八路抢答器的创新设计。 (14) 培养学生工作细心、精益求精、团队合作、爱护工具的精神。		
任务描述	1. 简易八路抢答器的设计 (1) 简易八路抢答器的编码器电路与译码器电路的设计。 (2) 利用 74LS148、CD4511 与数码管设计简易的八路抢答器电路。 2. 简易八路抢答器的制作 (1) 根据电路要求，发放相应的材料和器件。 (2) 设计相应的电路。 (3) 元件的检测与识别。 (4) 电路的焊接。 3. 简易八路抢答器的调试 (1) 根据简易八路抢答器焊接完成的电路板，能够进行调试排除故障。 (2) 学生根据电路原理利用仪器仪表检查电路中的信号是否符合要求。 (3) 整个电路调试完成后，由教师检查并通电试验。		
对学生的要求	(1) 能完成简易八路抢答器的制作与调试。 (2) 熟练完成简易八路抢答器所需元件的检测与识别。 (3) 学会万用表、电烙铁、剥线钳等工具的使用方法。 (4) 通过小组成员之间的合作，完成制作简易八路抢答器的练习任务，并能够对其进行调试。 (5) 会清晰分析故障，查找正确的故障方法。 (6) 工作细心，具备节约资源、团队合作的意识。 (7) 严格遵守课堂纪律和工作纪律，不迟到，不早退，不旷课。 (8) 本情境工作任务完成后，需提交实训报告。		

资　讯　单

学习领域	电子技能实训		
学习情境二	简易八路抢答器的制作与调试	学时	0.5 学时
资讯方式	在资料角、图书馆、专业杂志、互联网上查找问题；咨询任课教师		
资讯问题	(1) 74LS148 编码器的引脚分别是什么功能？		
	(2) CD4511 芯片的引脚分别是什么功能？		
	(3) 74LS148 芯片的功能是什么？		
	(4) CD4511 芯片的功能是什么？CD4511 芯片驱动是共阳极还是共阴极数码管？		
	(5) 说出几个常用的编码器芯片。		
	(6) 说出几个常用的译码器芯片。		
	(7) 共阳极数码管与共阴极数码管是如何判断的。		
	(8) 共阳极数码管公共端接什么电平？共阴极数码管公共端接什么电平？		
	(9) LED 数码管的主要特点是什么？		
	(10) 集成电路使用中的注意事项有哪些？		
	(11) 如何实现按键抢答后的锁存功能？		
资讯引导	问题(1)、(2)、(3)、(4)、(5)、(6)可以在周良权编写的《数字电子技术基础》第三章中寻找答案。 问题(7)、(8)、(9)、(10)可以在冯泽虎编写的《电子产品工艺与制作技术》第一章中寻找答案。		

信 息 单

学习领域	电子技能实训		
学习情境二	简易八路抢答器的制作与调试	学时	2 学时
序号	信息内容		
1	优先编码器 74LS148		

二-十进制编码也称为 8421BCD 编码器。它的功能是将十进制数码(或其他十个信息)转换为 8421BCD 码。它应当是 10 线-4 线编码器,即有 10 个输入端,4 个输出端。

表 3-1 是 8421BCD 码的编码表。

表 3-1　8421BCD 码的编码表

十进制数	8421BCD 码				十进制数	8421BCD 码			
	D	C	B	A		D	C	B	A
0	0	0	0	0	5	0	1	0	1
1	0	0	0	1	6	0	1	1	0
2	0	0	1	0	7	0	1	1	1
3	0	0	1	1	8	1	0	0	0
4	0	1	0	0	9	1	0	0	1

图 3-7 所示是一种 8421BCD 码编码器的逻辑图。图中变换拨码开关的位置为 0～9,输出端 DCBA 就输出相应的 8421BCD 码。例如,当拨码开关处于图中所示的位置时,门 G_1 和 G_4 各有一个输入端为 1,而 G_2 和 G_3 的输入全为 0,此时编码器的输出 $DCBA =$ 1001(8421BCD 码的 9),这就是数码 9 的编码。按照这个思路,读者可以自行解读该图。

如果把图 3-7 中的虚线部分换成图 3-8 所示的按键,就成为键盘输入的编码电路了。

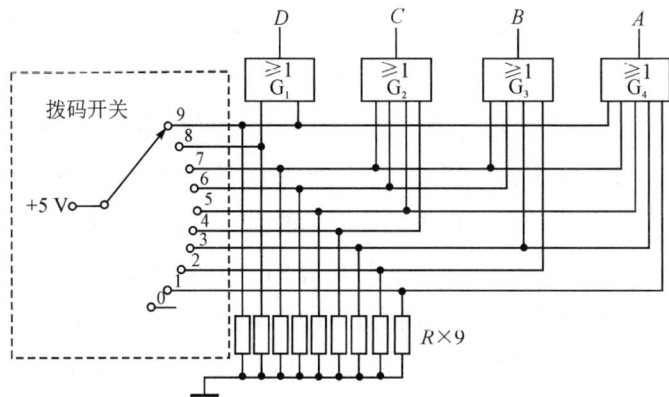

图 3-7　8421BCD 码编码器的逻辑电路　　　　图 3-8　按键的接法

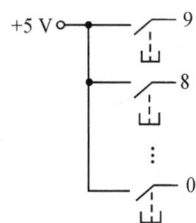

在数字系统中,特别是计算机系统中,常需要对若干个工作对象进行控制,例如打印机、输入键盘、磁盘驱动器等。当几个部件同时发出服务请求时,必须根据轻重缓急,

按预先规定好的顺序允许其中一个进行操作，即执行操作存在优先级别的问题。优先编码器可以识别信号的优先级别并对其进行编码。

优先编码器的功能是允许同时在几个输入端有输入信号，编码器按输入信号排定的有限顺序，只对同时输入的几个信号中优先权最高的一个进行编码。集成优先编码器的种类繁多，例如 TTL 优先编码器 74LS147、74LS148 以及 CMOS 优先编码器 74HC147、74HC148 等。下面以 74LS148 为例介绍优先编码器的使用方法。

74LS148 优先编码器的真值表见表 3-2。

表 3-2　74LS148 优先编码器的真值表

$\overline{ST}$	$\overline{IN_0}$	$\overline{IN_1}$	$\overline{IN_2}$	$\overline{IN_3}$	$\overline{IN_4}$	$\overline{IN_5}$	$\overline{IN_6}$	$\overline{IN_7}$	$\overline{Y_2}$	$\overline{Y_1}$	$\overline{Y_0}$	$\overline{Y_{EX}}$	Y_S
1	×	×	×	×	×	×	×	×	1	1	1	1	1
0	1	1	1	1	1	1	1	1	1	1	1	1	0
0	×	×	×	×	×	×	×	0	0	0	0	0	1
0	×	×	×	×	×	×	0	1	0	0	1	0	1
0	×	×	×	×	×	0	1	1	0	1	0	0	1
0	×	×	×	×	0	1	1	1	0	1	1	0	1
0	×	×	×	0	1	1	1	1	1	0	0	0	1
0	×	×	0	1	1	1	1	1	1	0	1	0	1
0	×	0	1	1	1	1	1	1	1	1	0	0	1
0	0	1	1	1	1	1	1	1	1	1	1	0	1

从表 3-2 中看到，这一编码器有两种输入，一种输入是被编码的对象 $\overline{IN_0}$～$\overline{IN_7}$，低电平有效，其优先权的高低级别从 $\overline{IN_0}$ 依次到 $\overline{IN_7}$；另一种输入为使能(选通)控制端(或称允许编码输入端) $\overline{ST}$，亦是低电平有效。当 $\overline{ST}=0$ 时可以进行编码，当 $\overline{ST}=1$ 时则停止编码。输出端也有两种，一种是代码输出端 $\overline{Y_2}\,\overline{Y_1}\,\overline{Y_0}$，为反码形式，即 $\overline{IN_7}$ 被编码为 000，$\overline{IN_0}$ 被编码为 111；另一种为输出状态标志 $\overline{Y_{EX}}$ 和 Y_S，$\overline{Y_{EX}}$ 为输出编码有效码标志，即当 $\overline{Y_{EX}}=0$ 表示输出为有效码；$\overline{Y_{EX}}=1$ 输出为无效码。Y_S 为允许编码输出，当 $Y_S=1$ 时，该端级联到低位片 $\overline{ST}$，不允许低位片编码；当 $Y_S=0$ 时，使低位片 $\overline{ST}=0$，才允许低位片编码。当 $\overline{Y_{EX}}\,Y_S=11$ 时表示本片和低位片均停止工作，且输出 111 为无效码；当 $\overline{Y_{EX}}\,Y_S=10$ 时，表示虽然允许工作，但输入对象无编码要求；当 $\overline{Y_{EX}}\,Y_S=01$ 时，表示本片正在编码，且输出为有效码，此时不允许低位片工作。这种情况所输出的有效码 $\overline{Y_2}\,\overline{Y_1}\,\overline{Y_0}$ 与本片 $\overline{IN_7}$～$\overline{IN_0}$ 中要求编码的对象优先级别最高的一个相对应。例如，此时输出 $\overline{Y_2}\,\overline{Y_1}\,\overline{Y_0}=111$，则说明 $\overline{IN_7}$～$\overline{IN_1}$ 全为高电平，只有当 $\overline{IN_0}=0$ 时，这个 111 作为 $\overline{IN_0}$ 的有效代码才会被输出。

续表二

2	显示译码器

在数字系统中，为了便于监视系统的工作情况，或便于读取测量和运算的结果，常需要将数字量用十进制数码显示出来，这就需要数码显示电路。数码显示电路是由显示译码器、驱动器和显示器组成的，下面分别对显示器、译码器和驱动器进行介绍。

1. 半导体数码管

常用的显示器有液晶显示器、辉光数码管、荧光数码管和半导体数码管等。半导体数码管是当前使用最广泛的显示器之一，它是由发光二极管(简称 LED)来组成字形显示数字、文字和符号的。

七段数码管分共阳和共阴两类，其外形图和内部接线如图 3-9 所示。$a \sim g$ 七个字段通过管脚与外部电路连接。共阴数码管是将各发光二极管阴极连在一起接低电平，阳极分别由译码器输出端来驱动。当译码输出的某段码为高电平时，相应的发光二极管就导通发光，这种显示器可用输出高电平有效的译码器来驱动。共阳数码管是将各发光二极管阳极接在一起接高电平，阴极分别由译码器输出端来驱动。当译码输出的某段码为低电平时，相应的发光二极管就导通发光，这种显示器可用输出低电平有效的译码器来驱动。常用的共阴显示器有 BS201、BS202、BS207、LCS0110-11 等，常用的共阳显示器有 BS204、BS206、LA50110-11 等。

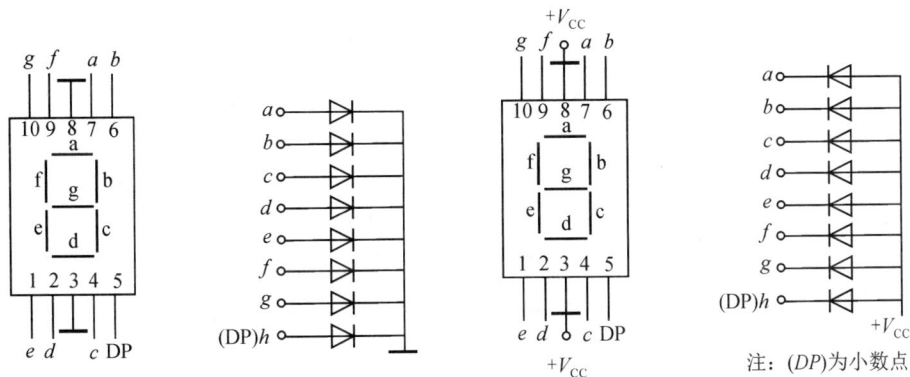

(a) 共阴极LED引脚排列图　(b) 共阴极LED内部接线图　(c) 共阳极LED引脚排列图　(d) 共阳极LED内部接线图

图 3-9　LED 数码管

半导体数码管的主要优点是工作电压低，体积小，寿命长，响应时间短，可靠性高，亮度也较高，主要缺点是工作电流较大。

2. BCD 七段显示译码器

CD4511 是一个用于驱动共阴极 LED 数码管显示器的 BCD 码七段码译码器，其特点是：具有 BCD 转换，消隐和锁存控制，七段译码及驱动功能。CMOS 电路能提供较大的拉电流，可直接驱动 LED 显示器等。

CD4511 是一片 CMOS BCD 锁存七段译码驱动器，引脚排列如 3-10 所示。其中 A、B、C、D 为 BCD 码输入，A 为最低位。$\overline{LT}$ 为灯测试端，加高电平时，显示器正常显示，加低电平时，显示器一直显示数码"8"，各笔段都被点亮，以此检查显示器是否有故障。$\overline{BI}$ 为消隐功能端，低电平时所有笔段均被消隐，正常显示时，$\overline{BI}$ 端应加高电平。CD4511 有拒绝伪码的特点，当输入数据越过十进制数 9(1001)时，显示字形也自行消隐。LE 是锁存控制端，高电平时锁存，低电平时传输数据。a～g 是七段输出，可驱动共阴 LED 数码管。其中，CD4511 显示数"6"时，a 段消隐，显示数"9"时，d 段消隐，所以显示 6、9 这两个数时，字形不太美观。

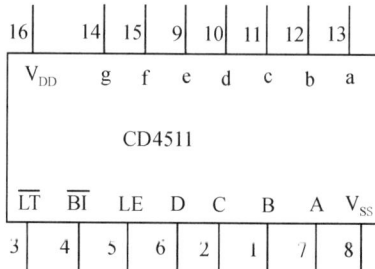

图 3-10　CD4511 的引脚图

1) CD4511 的引脚图

CD4511 是常用的七段显示译码驱动器，它的内部除了七段译码电路外，还有锁存电路和输出驱动器部分，其输出电流大，最大可达 25 mA，可直接驱动 LED 数码管。CD4511 由四个输入端 A、B、C、D 和七个输出端 a～g，它还具有输入 BCD 码锁存、灯测试和熄灭控制的功能，它们分别由锁存端 LE、灯测试 $\overline{LT}$、熄灭控制端 $\overline{BI}$ 来控制。

各引脚的名称：其中 7、1、2、6 分别表示 BCD 码的 A、B、C、D 位；5、4、3 分别表示 LE、$\overline{BI}$、$\overline{LT}$；13、12、11、10、9、15、14 分别表示 a、b、c、d、e、f、g；下边的引脚表示输入，上边的引脚表示输出；还有两个引脚 8、16 分别表示的是 V_{DD}、V_{SS}。

其功能介绍如下：

(1) $\overline{BI}$：4 脚是消隐输入控制端。当 $\overline{BI} = 0$ 时，不管其他输入端的状态如何，七段数码管均处于熄灭(消隐)状态，不显示数字。

(2) $\overline{LT}$：3 脚是测试输入端。当 $\overline{BI} = 1$，$\overline{LT} = 0$ 时，译码输出全为 1，不管输入 DCBA 状态如何，七段均发亮，显示数"8"。如果该端为低电平，则译码器的输出全为高电平，该端拥有最高级别权限，只要它为 0，即有上述现象，与其余所有输入端的状态无关。这一功能主要用于测试，因此正常使用中应接高电平。

(3) LE：5 脚是锁存控制端。当 $\overline{BI}$、$\overline{LT}$ 为 1 时，若该端为高电平，则加在 A、B、C、D 端的外部编码信息不能进入译码，所以译码器的输出状态保持不变，当 LE = 0 时，A、B、C、D 端的 BCD 码一经改变，译码器就立即输出新的译码值。

(4) A、B、C、D：为 8421BCD 码的输入端。

(5) a、b、c、d、e、f、g：为译码输出端，输出为高电平 1 有效。

2) 译码驱动功能

编码器实现了对开关信号的编码，并以 BCD 码的形式输出，为了使输出的 BCD 码能够显示出来，需要用译码显示电路，选择常用的七段译码显示驱动器 CD4511 作为译码电路。CD4511 真值表如图 3-11 所示。

输　入							输　出							显示
LE	$\overline{BI}$	$\overline{LT}$	D	C	B	A	a	b	c	d	e	f	g	
×	×	0	×	×	×	×	1	1	1	1	1	1	1	8
×	0	1	×	×	×	×	0	0	0	0	0	0	0	
0	1	1	0	0	0	0	1	1	1	1	1	1	0	0
0	1	1	0	0	0	1	0	1	1	0	0	0	0	1
0	1	1	0	0	1	0	1	1	0	1	1	0	1	2
0	1	1	0	0	1	1	1	1	1	1	0	0	1	3
0	1	1	0	1	0	0	0	1	1	0	0	1	1	4
0	1	1	0	1	0	1	1	0	1	1	0	1	1	5
0	1	1	0	1	1	0	0	0	1	1	1	1	1	6
0	1	1	0	1	1	1	1	1	1	0	0	0	0	7
0	1	1	1	0	0	0	1	1	1	1	1	1	1	8
0	1	1	1	0	0	1	1	1	1	0	0	1	1	9
0	1	1	1	0	1	0	0	0	0	0	0	0	0	
0	1	1	1	0	1	1	0	0	0	0	0	0	0	
0	1	1	1	1	0	0	0	0	0	0	0	0	0	
0	1	1	1	1	0	1	0	0	0	0	0	0	0	
0	1	1	1	1	1	0	0	0	0	0	0	0	0	
0	1	1	1	1	1	1	0	0	0	0	0	0	0	
1	1	1	×	×	×	×								

图 3-11　CD4511 真值表

3) 锁存优先功能

由于抢答器都是多路的且须满足多位抢答者抢答要求，这就有一个先后判定的锁存优先电路，确保第一个抢答信号被锁存住，同时数码显示并拒绝后面抢答信号的干扰。CD4511 内部电路与 74LS32(见图 3-12)可完成这一功能。LE 是锁存控制端，高电平时锁存，低电平时传输数据。当主持人按下按键 S9 时，CD4511 的第 5 脚(即 LE 端)为低电平的 "0"，这种状态下，CD4511 没有锁存且允许 BCD 码输入。通过对 0～9 这 10 个数字的分析(见图 3-11)可以看到，b 段和 g 段必定有一个为 1，经过或门后，使 CD4511 的第 5 脚(即 LE 端)为高电平 1，这种状态下，CD4511 进行锁存。当 S2～S8 任一键被按下时，CD4511 的输出端 b 为高电平或输出端 g 为高电平，这两种状态必有一个存在或都存在，迫使 CD4511 的第 5 脚(即 LE 端)由 0 到 1，反映抢答信号的 BCD 码允许输入，并使

CD4511 的 *a*、*b*、*c*、*d*、*e*、*f*、*g* 七个输出锁存并保持在 LE 为 0 时输入的 BCD 码的显示状态。例如当 S2 按下时，数码管应显示 1，此时仅 *b*、*c* 为高电平，*g* 为低电平，经 74LS32 或门后到 CD4511 第 5 脚(即 LE 端)，即 LE 由 0～1 状态，则当 LE 为 "0" 时输入给 CD4511 的第一个 BCD 码数据被判定为优先而被锁存，所以数码管显示对应 S2 送来的信号 "1"，S1 之后的任一按键的信号都不显示。为了进行下一题的抢答，主持人需要按下复位键，清除锁存器内的数值，此后若 S5 键第一个被按下，这时应立即显示 "4"。

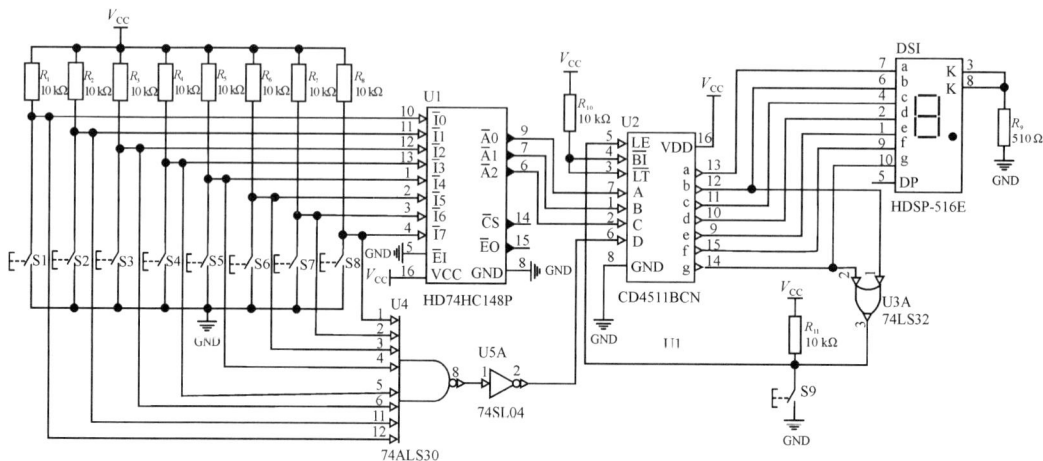

图 3-12　锁存优先功能电路图

3	简易八路抢答器的设计原理

1. 简易八路抢答器的结构与原理

图 3-13 所示为抢答器的结构框图。电路完成了基本的抢答功能，开始抢答后，当选手按动抢答键时，能显示选手的编号，同时能封锁输入电路，禁止其他选手抢答，其工作原理为：接通电源后，主持人按下复位键，宣布 "开始"，抢答器工作，选手即可开始抢答。选手按下抢答键后，抢答器完成编码、优先锁存、译码、数码显示。在一轮抢答之后，只有主持人按下复位键，才能进行下一轮抢答，否则抢答无效。

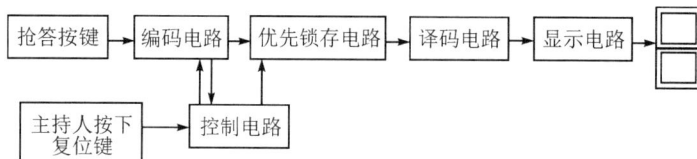

图 3-13　抢答器的结构框图

2. 抢答器系统的需求分析

(1) 在抢答中，只有开始后抢答才有效，在开始抢答前抢答为无效。

(2) 正确按键后数码管可以显示是哪位选手有效抢答。

(3) 按键锁定，按键输入无效。

(4) 只有主持人按下复位键，下一轮抢答才能开始。

3. 抢答器的工作流程

抢答器的基本工作原理：在上电之后，系统开始运行，在抢答过程中，会有多个信号同时或不同时地被送入主电路中，抢答器的内部电路和 CD4511 的集成芯片会开始工作，并识别、记录第一个号码。在整个抢答器工作的过程中，编码电路、优先锁存、译码电路、显示电路、报警电路都会运行。抢答器的工作流程分为正常抢答流程、主持人复位等几部分，如图 3-14 所示。

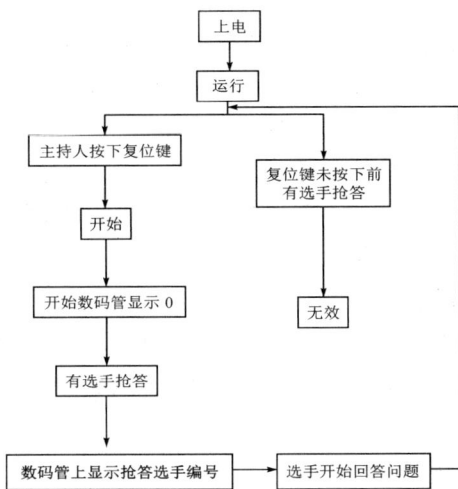

图 3-14　抢答器的工作流程

4. 简易八路抢答器的制作

简易八路抢答器的电路原理如图 3-15 所示。其中，74LS148 是 10 线-4 线 BCD 优先编码器，CD4511 是一片 CMOS BCD 码七段码译码器，用于驱动共阴极 LED 数码管显示器，具有 BCD 转换、消隐和锁存控制、七段译码及驱动的功能；CMOS 电路能提供较大的拉电流，可直接驱动共阴极 LED 数码管，数码管采用共阴极数码管。

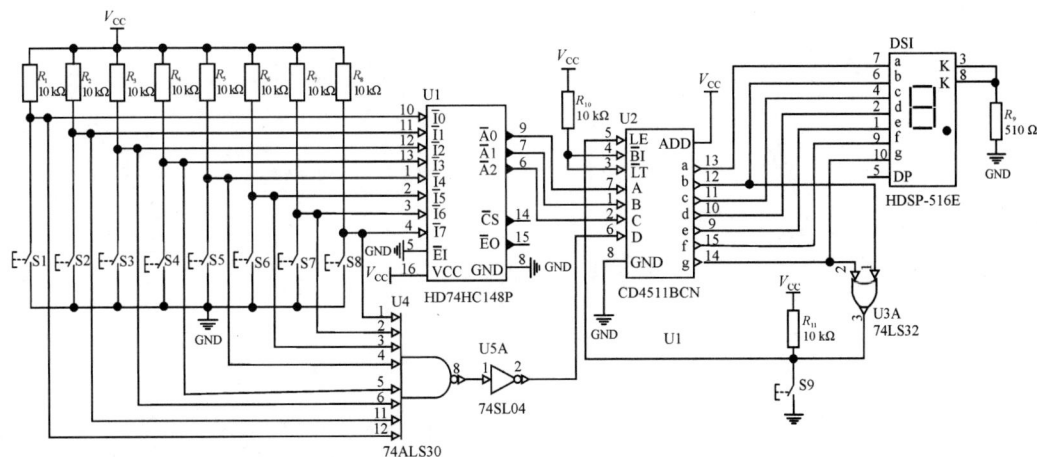

图 3-15　简易八路抢答器的原理图

焊接前，先对烙铁头进行上锡，对难焊的焊点、焊件也进行上锡，以便提高焊接的质量和速度。焊点必须做到无假焊虚焊、焊锡适当、牢固可靠，确保有良好的导电性能；焊盘表面无裂纹、无针孔夹渣、圆润光滑，形成以引脚为中心、大小均匀的锥形。焊接时间要尽可能短，一般为 3 s 左右，避免烧坏器件。焊接是电子制作的基本功，直接关系到电路制作的成败。

焊接走线要求：

(1) 走线必须平行整齐，且没有碰焊，使焊接面形成几何形状。

(2) 短距离走线可直接用焊锡连接；长距离的走线则可先铺细导线，然后加焊锡，使焊接面呈银白色，平直整齐，增加美观度。

(3) 飞线要短、少，并且要整齐美观。

(4) 电源走线必须红色线接"＋"，黑色线接"－"。在导线的输出端，用细铁丝（或电阻剪下来的引脚）将其捆绑并固定在电路板上。

5. 简易八路抢答器的调试

如果电路不能正常工作的话，请跟我做，并想一想为什么这么做？

(1) 用万用表检查 74LS148 的 V_{CC} 电源电压是否正常。若不正常，则排除此故障，若正常，则往下进行。

(2) 74LS148、CD4511 等是否共地。

(3) 当随意按下任一按键时，检查 74LS148 的输出是否正确。

(4) 用万用表检查 CD4511 的 V_{CC} 电源电压是否正常。若不正常，则排除此故障，若正常，则往下进行。

(5) 观察数码管显示数据是否与按键值一致，检查 CD4511 芯片 $a \sim g$ 与数码管的 $a \sim g$ 的连接关系是否正确。

材料工具清单

学习领域		\multicolumn{6}{c}{电子技能实训}					
学习情境二		\multicolumn{4}{c}{简易八路抢答器的制作与调试}	学时	0.5 学时	
项目	序号	名称	作用	数量	型号	使用前	使用后
所用设备							
所用仪器仪表							
所用工具							
所用材料							
所用元器件							
班级		第　　组	组长签字			教师签字	

计 划 实 施 单

学习领域	电子技能实训		
学习情境二	简易八路抢答器的制作与调试	学时	3 学时
实施方式	小组合作；动手实践		
序号	实 施 步 骤		使用资源
1			
2			
3			
4			
5			
6			
7			
8			
9			
10			
11			
12			

实施说明：

班级		第　　组	组长签字	
教师签字			日期	

评 价 单

学习领域			电子技能实训			
学习情境二		简易八路抢答器的制作与调试		学时		0.5 学时
评价类别	项 目	子 项 目	个人评价	组内互评	教师评价	
专业能力 (60%)	资讯(10%)	信息的搜集(5%)				
		引导问题的回答(5%)				
	计划(5%)	计划的可执行度(3%)				
		材料工具的安排(2%)				
	实施(20%)	安装、接线操作的规范性(7%)				
		功能的实现(7%)				
		"6S"质量管理(2%)				
		安全用电(2%)				
		创意和拓展性(2%)				
	检查(10%)	全面性、准确性(5%)				
		故障的排除(5%)				
	过程(5%)	使用工具的规范性(2%)				
		操作过程的规范性(2%)				
		工具和仪表使用管理(1%)				
	结果(10%)	结果质量(10%)				
社会能力 (20%)	团结协作 (10%)	小组成员合作良好(5%)				
		对小组的贡献(5%)				
	敬业精神 (10%)	学习的纪律性(5%)				
		爱岗敬业、吃苦耐劳精神(5%)				
方法能力 (20%)	计划能力 (10%)					
	决策能力 (10%)					
评价评语	班级	姓名		学号		总评
	教师签字	第 组	组长签字			日期
	评语:					

实 训 报 告

姓名		学号		系别		班级	
主讲教师		指导教师		日期		专业	
课程名称				实训室名称			

一、实训项目

二、实训目的

三、主要仪器设备

四、实训步骤

小结

教师评语

教师签字：

年　　月　　日

3.3 学习情境三

简易电子琴的制作与调试

学习情境描述

电子琴的工作原理是通过不同频率的信号驱动扬声器发声，让人听到不同的音节、音调。555 定时器是一种模拟和数字功能相结合的中规模集成器件，只需要外接几个电阻、电容，就可以构成多谐振荡器、单稳态触发器及施密特触发器等，以实现脉冲的产生与变换。本项目使用 555 定时器构成的多谐振荡器设计了一个多音阶的简易电子琴，并完成了简单的电路制作和调试，详细介绍了电子琴的各功能模块、音节电路的具体设计和仿真测试，以及作品制作和调试的过程。

小资料

555 多谐振荡器单独工作没什么意义，常用来为其他数字电路(如定时器)提供时钟信号，它是其他电路正常工作、可靠运行的基石，常常是奉献了自己，成就了他人。生活中，有无数人在平凡的岗位上作出了不平凡的成绩。

"烂漫的山花中，我们发现你。自然击你以风雪，你报之以歌唱。命运置你于危崖，你馈人间以芬芳。不惧碾作尘，无意苦争春，以怒放的生命，向世界表达倔强。你是崖畔的桂，雪中的梅。"这是 2020 年度感动中国十大人物张桂梅的颁奖词。

张桂梅同志坚守教育报国初心，牢记立德树人使命，扎根贫困地区四十多年，立志用教育扶贫斩断贫困代际传递，倾力建成全国第一所全免费女子高中，作为边远山区乡村教育的点灯人，让 1600 余名贫困山区女学生圆梦大学，托举起当地群众决战决胜脱贫攻坚的信心和希望。她在教书育人岗位上为贫困地区的教育事业作出了重要贡献，在她身上充分体现了人民教师潜心育人的敬业精神和立德树人的使命担当。

任　务　单

学习领域	电子技能实训		
学习情境三	简易电子琴的制作与调试	学时	0.5 学时
学习目标	(1) 了解 555 时基电路的分类。 (2) 掌握 555 时基电路的工作原理。 (3) 能够设计出基于 555 的简易电子琴电路。 (4) 能够选取合适的元器件及参数。 (5) 熟练掌握仿真软件的使用方法并进行仿真验证。 (6) 熟练掌握焊接的方法。 (7) 熟练掌握电路故障的查找方法。 (8) 能够运用各种仪器仪表对简易电子琴电路进行调试使其正常工作。 (9) 能够熟练掌握电子设计中常用的仪器仪表的使用方法。 (10) 学会使用维修工具对简易电子琴电路进行维修。 (11) 工作细心、爱护工具，培养学生精益求精、团队合作的精神。		
任务描述	(1) 掌握简易电子琴电路的设计制作和调试方法。 (2) 掌握利用 555 时基电路设计简易电子琴电路的方法。 ① 掌握利用 555 时基电路构成多谐振荡器的方法。 ② 设计原理图、安装位置图及布线方式。 ③ 利用仿真软件验证电路。 ④ 掌握线路的焊接、检测、调试。 (3) 掌握简易电子琴电路的参数的计算方法。 ① 掌握电子琴频率的计算。 ② 掌握功放电路参数的选择。		
对学生的要求	(1) 能进行简易电子琴电路的设计。 (2) 熟练掌握仿真软件的使用方法。 (3) 熟练掌握万用表、电压表、示波器的使用方法。 (4) 会利用画图软件设计电路。 (5) 通过小组成员之间的合作，完成一个简易电子琴电路的制作练习任务，并能够对其进行调试。 (6) 会清晰分析故障，并学会正确查找故障的方法。 (7) 工作细心，具备节约资源、团队合作的意识。 (8) 严格遵守课堂纪律和工作纪律，不迟到，不早退，不旷课。 (9) 本情境工作任务完成后，需提交学习体会报告。		

资　讯　单

学习领域	电子技能实训		
学习情境三	简易电子琴的制作与调试	学时	0.5 学时
资讯方式	在资料角、图书馆、专业杂志、互联网上查找问题；咨询任课教师		
资讯问题	(1) 声音、音调和频率的关系是怎样的？		
	(2) 555 时基电路构成多谐振荡器的方法是怎样的？		
	(3) 功放电路是如何选取的？		
	(4) 简易电子琴主要由哪两部分组成？		
	(5) LM386 的优点是什么？		
	(6) 电子琴频率的计算公式是怎样的？		
	(7) 焊接的方法与技巧是怎样的？		
资讯引导	问题(1)、(2)、(3)、(4)、(5)、(6)可以在冯泽虎编写的《数字电子技术》中寻找答案。 　　问题(7)可以在冯泽虎编写的《电子产品工艺与制作技术》中寻找答案。		

信 息 单

学习领域	电子技能实训		
学习情境三	简易电子琴的制作与调试	学时	2 学时
序号	信息内容		
1	555 时基电路简介		

1. 555 时基电路

555 时基电路称为集成定时器，是一种数字-模拟混合型中规模集成电路，其应用十分广泛。该电路使用灵活、方便，只需要外接少量的阻容元件就可以构成单稳、施密特触发器和多谐振荡器，因而广泛应用于信号的产生、变换、控制与检测。因它的内部电路使用了三个 5 kΩ 的电阻，故取名为 555 时基电路。555 时基电路有双极型和 CMOS 型两大类，两者的工作原理和结构相似。绝大多数双极型产品的型号的最后三位数码都是 555或 556，所有 CMOS 产品的型号的最后四位数码都是 7555 或 7556，两者的逻辑功能和引脚排列完全相同，易于互换。555 和 7555 是单定时器，556 和 7556 是双定时器。双极型 555 时基电路的电源电压是$+5\sim+15$ V，输出的最大电流可达 200 mA，CMOS 型 555时基电路的电源电压是$+3\sim+18$ V。555 时基电路的内部结构如图 3-16 所示。

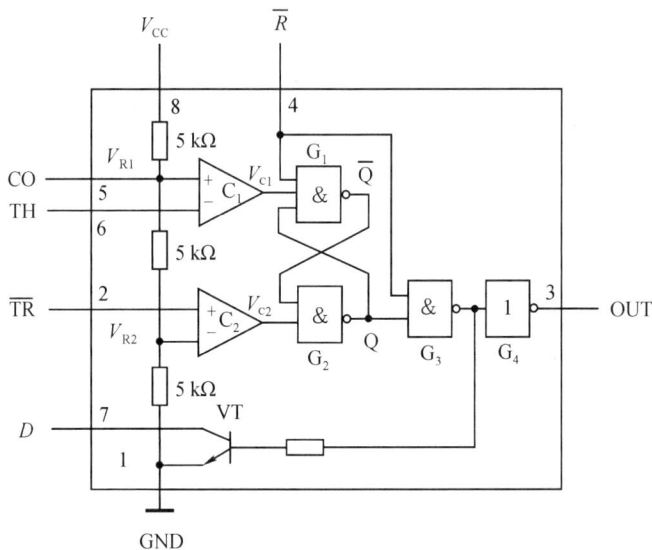

图 3-16   555 时基电路的内部结构

555 时基电路是双列直插型 8 引脚封装，引脚排列方式如图 3-17 所示。在本设计中选用型号为 NE555 的集成电路芯片，各引脚的功能为：1 脚是地端(GND)；2 脚是触发端($\overline{\text{TR}}$)，是下比较器的输入；3 脚是输出端(OUT)，它有 0 和 1 两种状态，由输入端所加的电平决定；4 脚是复位端($\overline{R}$)，在加上低电平时可使输出为低电平；5 脚是控制电压端(CO)，可用它改变上下触发电平值；6 脚是阈值端(TH)，是上比较器的输入；7 脚是放电端(D)，

续表一

它是内部放电管的输出，有悬空和接地两种状态，也是由输入端的状态决定的；8 脚是电源端(V_{CC})。

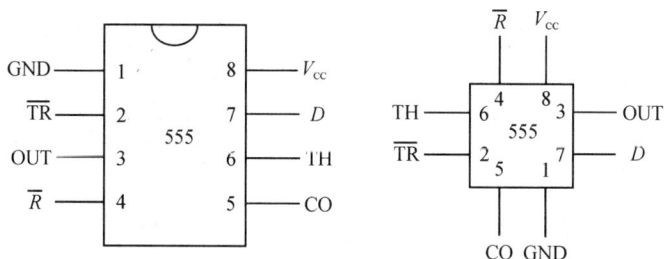

图 3-17　555 时基电路的引脚排列图

2. 555 时基电路的工作原理

555 时基电路的内部电路含有两个电压比较器、一个基本 RS 触发器、一个放电管开关 VT。比较器的参考电压由三只 5 kΩ 的电阻器构成分压，它们分别使高电平比较器 C_1 的同相比较端和低电平比较器 C_2 的反相输入端的参考电平为 $\frac{2}{3}V_{CC}$ 和 $\frac{1}{3}V_{CC}$。C_1 和 C_2 的输出端控制 RS 触发器的状态和放电管开关的状态。

$\overline{R}$ 为复位端。当 $\overline{R}=0$ 时，定时器的输出端 OUT 为 0。当 $\overline{R}=1$ 时，定时器有以下几种功能：

(1) 当高触发端 $TH > \frac{2}{3}V_{CC}$，且低触发端 $\overline{TR} > \frac{1}{3}V_{CC}$ 时，比较器 C_1 输出为低电平；C_1 输出的低电平将 RS 触发器置为 0 状态，即 $Q=0$，使得定时器的输出端 OUT 为 0，同时放电管 VT 导通。

(2) 当高触发端 $TH < \frac{2}{3}V_{CC}$，且低触发端 $\overline{TR} < \frac{1}{3}V_{CC}$ 时，比较器 C_2 输出为低电平，C_2 输出的低电平将 RS 触发器置为 1 状态，即 $Q=1$，使得定时器的输出端 OUT 为 1，同时放电管 VT 截止。

(3) 当高触发端 $TH < \frac{2}{3}V_{CC}$，且低触发端 $\overline{TR} > \frac{1}{3}V_{CC}$ 时，定时器的输出端 OUT 和放电管 VT 的状态保持不变。

3. 555 时基电路的工作模式

下面采用 555 时基电路构成的多谐振荡器对由烟雾信号转化成的电信号进行处理。如图 3-18 所示，由 555 定时器和外接元件 R_1、R_2、C 构成多谐振荡器，555 定时器的引脚 2 与引脚 6 直接相连。该电路没有稳态，仅存在两个暂稳态，亦不需要外接触发信号，电源通过 R_1、R_2 向 C 充电，C 通过 R_2 向放电端 7 引脚放电，使电路产生振荡。电容 C 在 $\frac{2}{3}V_{CC}$ 和 $\frac{1}{3}V_{CC}$ 之间充电和放电，从而在输出端得到一系列矩形波，对应的波形如图 3-19 所示。

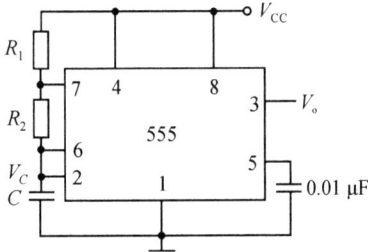

图 3-18　555 构成的多谐振荡器

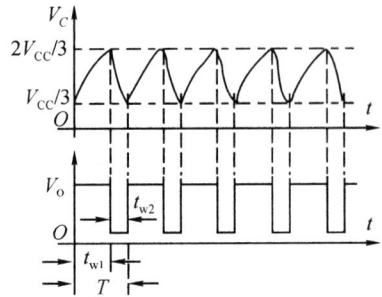

图 3-19　多谐振荡器的波形图

输出信号的振荡周期 T 是：

$$T = t_{w1} + t_{w2}$$
$$t_{w1} = 0.7(R_1 + R_2)C$$

其中：

$$t_{w2} = 0.7R_2C$$

根据电路的参数要求，计算出输出信号的振荡周期 $T = 8.33$ ms，频率 $f = 1.2$ kHz。t_{w1} 为 V_C 由 $\frac{1}{3}V_{CC}$ 上升到 $\frac{2}{3}V_{CC}$ 所需的时间，t_{w2} 为电容 C 放电所需的时间。555 时基电路要求 R_1 与 R_2 均不小于 1 kΩ，但两者之和不大于 3.3 MΩ。

外部元件的稳定性决定了多谐振荡器的稳定性，555 定时器配以少量元件即可获得较高精度的振荡频率和较大的功率。因此，这种形式的多谐振荡器应用很广。

2	简易电子琴的设计与调试

1. 设计要求与任务

学习调试电子电路的方法，提高实际动手能力。了解由 555 定时器构成简易电子琴的电路及原理。

1) 总体框图

总体框图如图 3-20 所示。

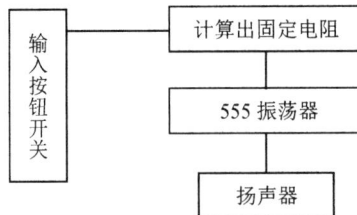

图 3-20　总体框图

整个电路由按钮开关、定值电阻、555 振荡器和扬声器四部分组成。

(1) 输入端：由 8 个按钮开关与各自的定值电阻串联后再并联。

(2) 频率产生端：根据定值电阻的不同输入，由 555 产生不同的信号频率。

(3) 扬声器端口：接收 555 振荡器产生的信号。

2) 设计方案

(1) 利用 555 定时器设计。

采用两个 555 集成定时器组成简易电子琴。整个电路由主振荡器、颤音振荡器、扬声器和琴键按钮等组成。

主振荡器由 555 定时器，琴键按钮 S1～S7，外接电容 C_1、C_2，外接电阻 R_1～R_8 等元件组成；颤音振荡器由 555 定时器，电容 C_5 及 R_9、R_{10} 等元件组成。颤音振荡器的振荡频率较低，为 64 Hz，若将其输出电压 U 连接到主振荡器 555 定时器的复位端 4，则主振荡器的输出端出现颤音。

此简易电子琴的原理框图如图 3-21 所示。

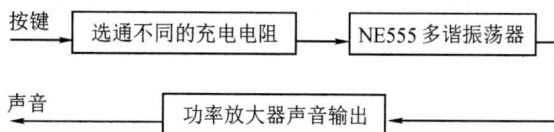

图 3-21　简易电子琴的原理框图

(2) 利用编码器、译码器和多谐振荡器设计。

利用编码器、译码器、多谐振荡器设计的简易电子琴原理框图如图 3-22 所示。

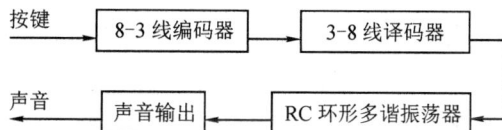

图 3-22　利用编码器，译码器、多谐振荡器设计的简易电子琴原理框图

综上所述，选择第一种方案，原因是用 555 定时器比单片机方便简捷，无须太多器件，且操作容易，不易混乱。

3) 选择器件

电子琴电路制作所需的器材如表 3-3 所示。

表 3-3　电子琴电路制作所需的器材

名称	NE555	按键开关	拨动开关	电阻	电容	电路板	电池	导线	扬声器
数量	1	8	1	9	3	1	1	若干	1

2. 设计电路与方案

1) 设计电路的基本要求

(1) 振荡和脉冲发生电路。

我们先用 555 定时器构成一个施密特触发器，再把这个施密特触发器改接成多谐振荡器。不过，这个施密特触发器稍微复杂一些，除了 NE555 芯片 2、6 引脚连接到一起以外，增加了一个电阻 R_1，R_1 与 555 定时器内部的放电管 TD 构成了一个反相器。逻辑上，这个反相器的输出与 555 定时器的输出完全相同。因此，这个施密特触发器有两个输出端，分别为 555 定时器的引脚 3 和引脚 7。我们看到，电阻 R_2 和电容 C_1 构成了 RC 积分电路，施密特触发器的一个输出端(引脚 7)接 RC 积分电路的输入端，RC 积分电路的输出端接施密特触发器的输入端。这样，一个多谐振荡器就构成了。施密特触发器的另外一个输出端(引脚 3)专门作为多谐振荡器的输出，可以最大限度地保证多谐振荡器的带负载能力。

　　电子琴之所以能产生音乐，是因为不同的电阻在 555 组成的多谐振荡电路中能产生不同的频率，而频率是产生不同音阶的根本原因，不同的音阶在人听来就是不同的音调。555 定时器构成的振荡器电路不需要外加触发信号，就能自动地产生矩形脉冲，这样就可得到制作电子琴的频率和循环播放的脉冲信号，其电路图如图 3-23 所示。

　　计算频率的公式：

$$f = \frac{1}{0.7(R_1 + 2R_2)C1} \tag{3-1}$$

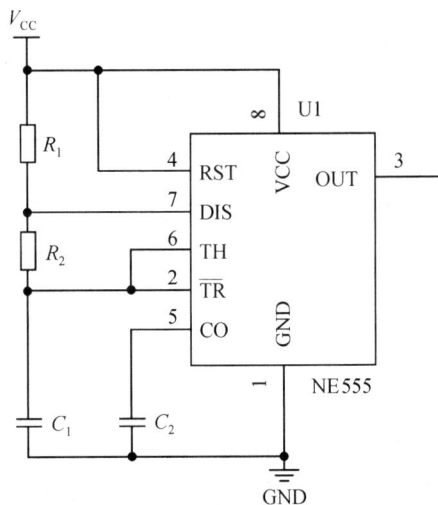

图 3-23　555 定时器构成的多谐振荡器

(2) 功放电路部分。

　　集成功放电路可以有多种选择，如三极管、差分电路、运放等，考虑到这里对音频放大，故选择的是通用型音频功率放大器，采用 LM386 运放(其价格低廉)。LM386 一般采用 6～9 V 电源，最大输出功率为 1 W，因该器件的散热条件不够理想，故其输出功率在 0.5 W 以下，一般为 0.3 W。由 LM386 的内部结构可知，电路的电压放大倍数由内部 1.35 kΩ 电阻及引脚 1、8 间的外围元件确定。当引脚 1、8 间不接任何元件时，其电压放大倍数为 20。当引脚 1、8 之间外接 10 μF 电容时，其电压放大倍数为 200。引脚 5 与地之间外接 0.047 μF 电容和 10 Ω 电阻(作为补偿电路)，可提高电路的稳定性，防止电路高频自激。

当 LM386 处于高电压放大倍数时，电源的影响将会增大，为此在引脚 7 与地之间外接 10 μF 的滤波电容。

功率放大器 LM386 能直接驱动扬声器。图 3-24 所示为 LM386 电压增益最大时的用法。图中，C_3 使引脚 1 和引脚 8 在交流通路中短路，使 $A_V \approx 200$；C_4 为旁路电容；C_5 为去耦电容，用于滤掉电源的高频交流成分。当 $V_{CC} = 16$ V、$R_L = 32$ Ω 时，$P_{om} \approx 1$ W，但是输入电压的有效值 V_i 却为 28.3 mV。

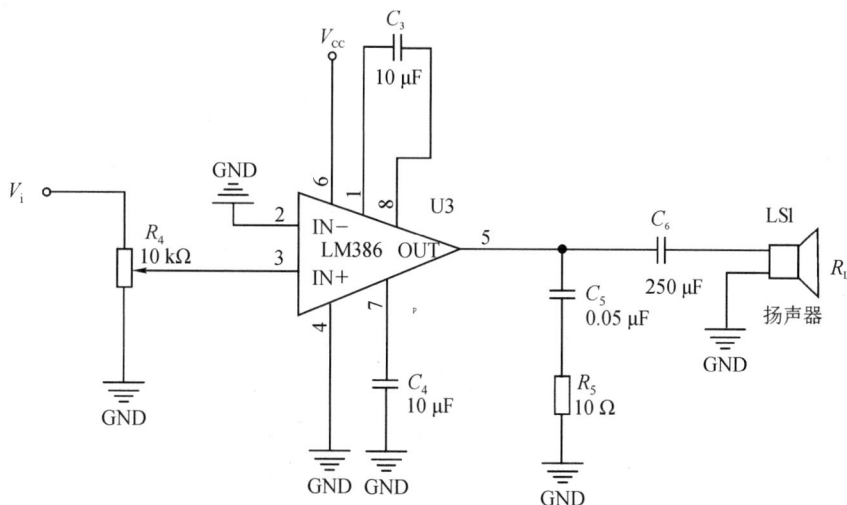

图 3-24　LM386 功放图

2) 设计方案

音符与频率值的对应关系为：1(do):261 Hz，2(re):293.6 Hz，3(mi):329.6 Hz，4(fa):349.2 Hz，5(so):392.0 Hz，6(la):440.0 Hz，7(si):493.9 Hz，1(高音 do):523 Hz。

通过开关来选通不同充电电阻从而改变输出频率，如图 3-25 所示。

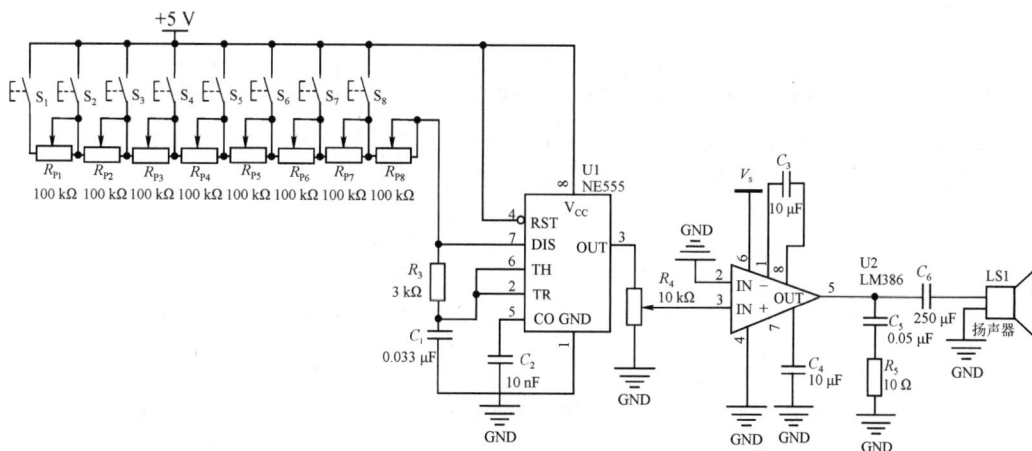

图 3-25　简易电子琴基本电路图

图 3-25 中，以 555 为核心组成多谐振荡电路，由不同的充电电阻选择不同的频率，再通过功率放大器驱动扬声器，从而产生不同的音调。

555 和 R_3、C_1 等组成一个无稳态多谐振荡器，可以通过开关 $S_1 \sim S_8$ 选通不同阻值的充电电阻($R_{P1} \sim R_{P8}$)，得到不同的频率，即发出不同的音符；改变 R_3 的阻值也可改变频率。通过设计要求中所给的频率计算相应的阻值，选择合适的电位器接入电路中。采用小功率功率放大器 LM386 放大音频信号，以驱动扬声器，按下不同的琴键，产生不同的音调。

3) 参数计算

取 $C_1 = 0.033 \ \mu\text{F}$，$R_3 = 3 \ \text{k}\Omega$，根据所给频率，按照 555 组成的多谐振荡器的周期的求解公式(3-1)：

$$T = 1/f = 0.7(R_1 + 2R_2)C_1$$

可求得产生 1(do)、2(re)、3(mi)、4(fa)、5(so)、6(la)、7(si)、1(高音 do)所对应的频率需要的电阻阻值：

$$R_1 = 18.0361 \ \text{k}\Omega，R_2 = 16.1045 \ \text{k}\Omega，$$
$$R_3 = 7.372 \ \text{k}\Omega，R_4 = 13.5234 \ \text{k}\Omega$$
$$R_5 = 12.0473 \ \text{k}\Omega，R_6 = 10.737 \ \text{k}\Omega，$$
$$R_7 = 4.876 \ \text{k}\Omega，R_0(R_8) = 76.7725 \ \text{k}\Omega$$

4) 电路的调试及真

(1) EDA 仿真图。

EDA 仿真图如图 3-26 所示。

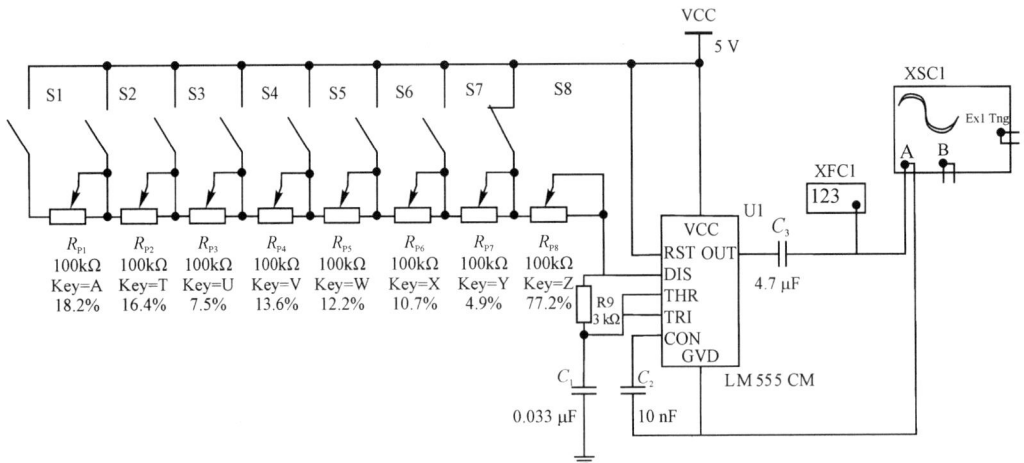

图 3-26　EDA 仿真图

(2) 验证实验的波形图。

① 开关闭合、无信号输入时的波形图如图 3-27 所示。

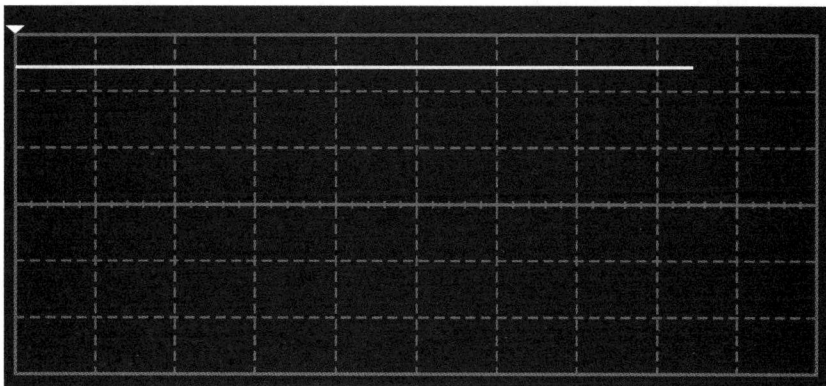

图 3-27　开关闭合、无信号输入时的波形图

② 分别打开八个开关时的波形图如下所示。

频率为 262 Hz 的波形图如图 3-28 所示。

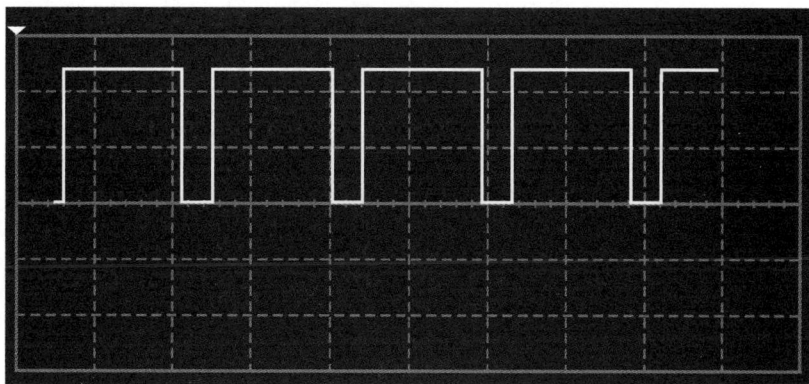

图 3-28　频率为 262 Hz 的波形图

频率为 294 Hz 的波形图如图 3-29 所示。

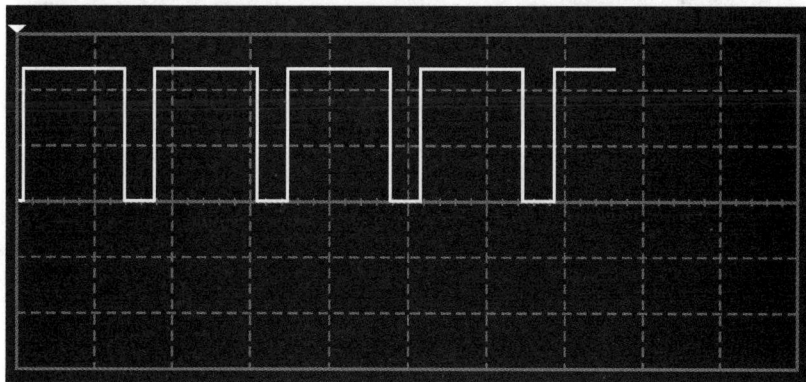

图 3-29　频率为 294 Hz 的波形图

频率为 330 Hz 的波形图如图 3-30 所示。

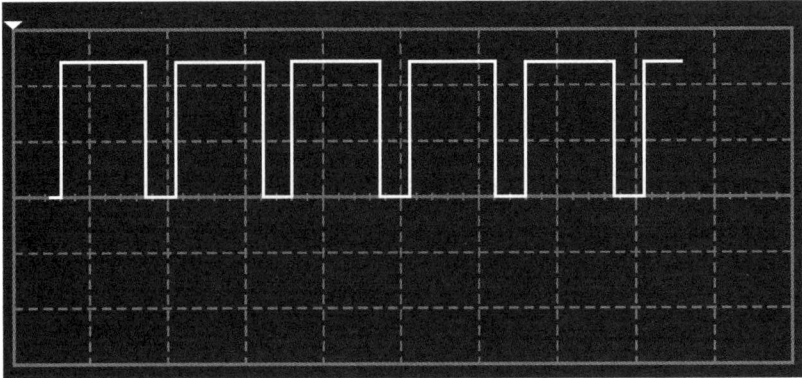

图 3-30　频率为 330 Hz 波形图

频率为 349 Hz 的波形图如图 3-31 所示。

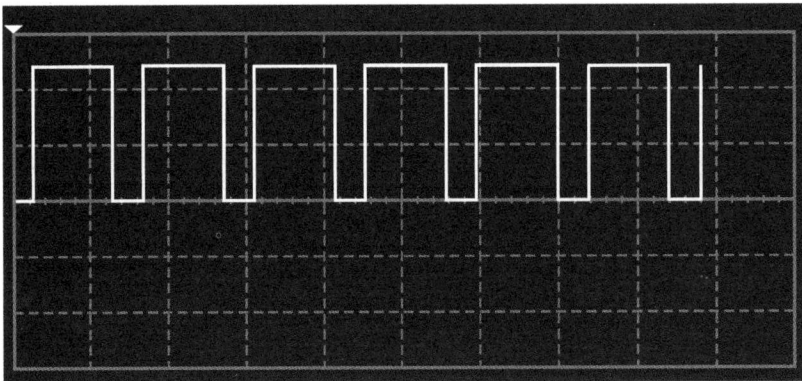

图 3-31　频率为 349 Hz 的波形图

频率为 392 Hz 的波形图如图 3-32 所示。

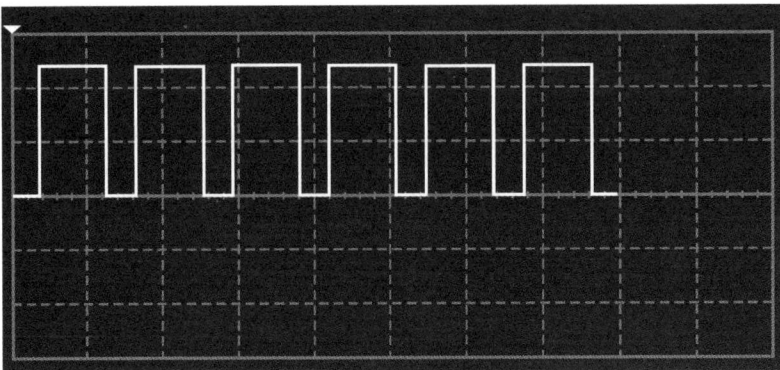

图 3-32　频率为 392 Hz 的波形图

频率为 440 Hz 的波形图如图 3-33 所示。

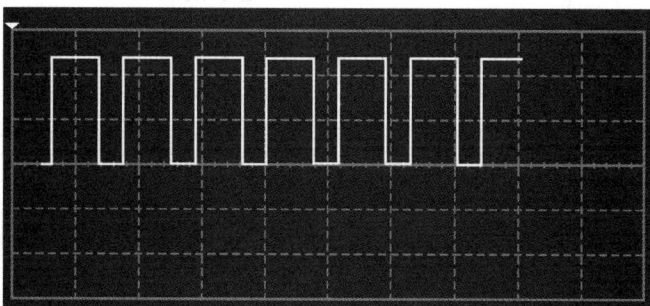

图 3-33　频率为 440 Hz 的波形图

频率为 494 Hz 的波形图如图 3-34 所示。

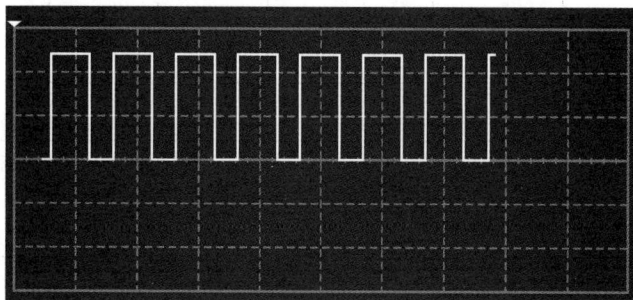

图 3-34　频率为 494 Hz 的波形图

频率为 523 Hz 的波形图如图 3-35 所示。

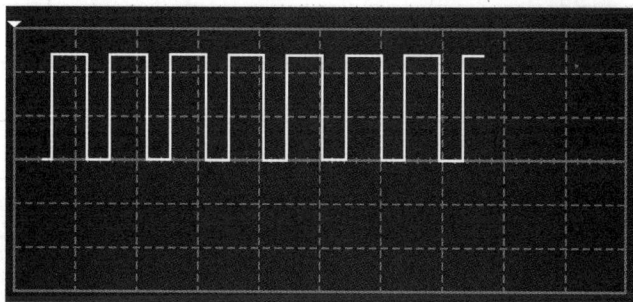

图 3-35　频率为 523 Hz 的波形图

(3) 测试结果与分析。

当按下按键开关后,能够按照实验者的设计发出"哆""来""咪""发""嗦""啦""西"7 个音调。这 7 个音调并不是很准,没有市场上电子琴的声音好,且前面的四个音调没有后面的四个音调效果好。音调不准可能是因为调节的电阻值存在误差。

在焊接完成后不要急于一次性把所有的都连好,应逐级焊接和测试,对每条电路都检查是否有虚焊和少焊。待电路全部焊接完毕,再次检查,以防电路短路。在确保无误后开始进行最后的测试。

材料工具清单

学习领域		电子技能实训					
学习情境三		简易电子琴的制作与调试			学时		0.5 学时
项目	序号	名称	作用	数量	型号	使用前	使用后
所用设备							
所用仪器仪表							
所用工具							
所用材料							
所用元器件							
班级		第　　组	组长签字			教师签字	

计 划 实 施 单

学习领域	电子技能实训		
学习情境三	简易电子琴的制作与调试	学时	3 学时
实施方式	小组合作；动手实践		
序号	实 施 步 骤		使用资源
1			
2			
3			
4			
5			
6			
7			
8			
9			
10			
11			
12			

实施说明：

班级		第 组	组长签字	
教师签字			日期	

评 价 单

学习领域		电子技能实训			
学习情境三		简易电子琴的制作与调试	学时		0.5 学时
评价类别	项 目	子 项 目	个人评价	组内互评	教师评价
专业能力 (60%)	资讯(10%)	信息的搜集(5%)			
		引导问题的回答(5%)			
	计划(5%)	计划的可执行度(3%)			
		材料工具的安排(2%)			
	实施(20%)	安装、接线操作的规范性(7%)			
		功能的实现(7%)			
		"6S"质量管理(2%)			
		安全用电(2%)			
		创意和拓展性(2%)			
	检查(10%)	全面性、准确性(5%)			
		故障的排除(5%)			
	过程(5%)	使用工具的规范性(2%)			
		操作过程的规范性(2%)			
		工具和仪表使用管理(1%)			
	结果(10%)	结果质量(10%)			
社会能力 (20%)	团结协作 (10%)	小组成员合作良好(5%)			
		对小组的贡献(5%)			
	敬业精神 (10%)	学习的纪律性(5%)			
		爱岗敬业、吃苦耐劳精神(5%)			
方法能力 (20%)	计划能力 (10%)				
	决策能力 (10%)				
评价评语	班级	姓名	学号		总评
	教师签字	第 组	组长签字		日期
	评语:				

实 训 报 告

姓名		学号		系别		班级	
主讲教师		指导教师		日期		专业	
课程名称				实训室名称			

一、实训项目

二、实训目的

三、主要仪器设备

四、实训步骤

小结

教师评语

教师签字：

年　　月　　日